湛庐CHEERS

与最聪明的人共同进化

HERE COMES EVERYBODY

人生困惑20讲

迟毓凯 著

20 Wisdoms From Psychologists

20 位心理学大师，解答你的人生困惑

人生问题多是心理问题

作为一名大学心理学老师，我学习和研究心理学近30年，同时也长期在大学、机关、企事业等各种机构，向各界人士普及心理学知识。说起心理学，人们常说的一句话是“有人的地方就有心理学”。确实，这并不是行内人士的自吹自擂，而是当下心理学俨然已成为街谈巷议的热门学问。各种社会话题都离不开心理学工作者的参与，各类媒体也在探讨各种问题背后的心理动因……学习一点心理学，进而了解自身、影响他人、更好地适应职场和生活，也成为现代人自然而然的想法。现在，心理学基本已成为成功的必需要素，居家的“必备良品”。

然而，仔细探究后会发现，“心理学热”背后展现的是另一个命题：人生问题背后隐藏着诸多心理因素。时代在变迁，在如今的社会背景下，我们的物质需求基本得到了满足，开始顺理成章地追求更高的精神满足，包括亲情、友情、爱情以及家庭、事业、人生，但满足口腹之欲易，要想心灵丰盛难。

国学大师梁漱溟曾提出著名的人生 3 大问题：人对物的问题、人对人的问题和人对自身的问题。人对物的问题指的是人类与自然界的关系问题；人对人的问题指的是人与人之间的情感交流和关系问题；人对自身的问题则包含内在心灵与外在欲望的关系问题。梁漱溟认为，只有解决了这 3 大问题，生命才能获得最大限度的解放和自由。其实这 3 大问题背后都是心理学问题：人对物的问题基本是个人能力问题；人对人的问题基本是人际关系问题；人对自身的问题则是典型的自我心灵问题。无独有偶，在心理学研究中，心理学家爱德华·德西（Edward Deci）等人就提出了人的 3 种基本需求，包括胜任需求、关系需求和自主需求。这 3 种需求基本与梁漱溟的 3 大问题一一对应：胜任需求指向一个人的谋生能力；关系需求指向一个人的人际交往水平；自主需求则指向一个人对身心自由的追求。

人生困惑一直是心理学探讨的课题。心理学从诞生之时起，解决心灵困惑、提升人类福祉就是其重要使命。无论是梁漱溟所说的人生 3 大问题，还是由此引申出的人生诸多烦恼，古往今来的心理学家一直都在努力寻找解决方案。

当然，关于人生问题和人生困惑，不仅心理学家在研究，哲学家、伦理学家以及思想教育工作者也一直在探讨。但与哲学和伦理学等基于思辨的观念不同的是，心理学对人生问题的解读更多的是基于科学发现，所以心理学家给出的答案相对更科学、更细致，提出的建议也更便于操作。

本书聚焦现代人的人生困惑，在介绍相关心理学大师的基础上，从大师的角度探讨我们面临的人生问题，并给出心理学的解决方案。

学了心理学为什么不好用

许多人喜欢心理学，也读了一些心理学方面的书，甚至在网上学了不少心理学的课，但他们普遍的感觉是："这好像不是我想象中的心理学，根本没有解决我的人生困惑啊！"

这确实是我们必须面对的一个现实。谈心理学，必须先了解这门学科的特殊性。心理学是一门文化差异较强的学科。首先，它根植于西方的个体主义文化，逻辑起点是一个人的脑生理基础、认知、情感、动机、人格等内容。而对于集体主义文化下的中国人而言，人们心目中的心理学是以人际互动为开端的。比如，心理学人与外行交流时，被问的第一个问题往往是："你猜猜我在想什么？"专注的是人际互动。来自东西方文化交汇之地——中国香港的心理学家迈克尔·邦德（Michael Bond）曾说："心理学不幸是由西方人创建的，结果西方的心理学研究了太多的变态心理和个性行为，如果心理学是由东方文化下的中国人创建的，那么它一定会是一门强调社会心理学的基础学科。"

这种文化差异也是导致许多人看不进去心理学专业书的原因。那么，我们能不能换种方式来学心理学，让它既符合人性，又能满足中国人的文化需求，而且学起来也不费力？这正是本书努力的方向。

在本书中，我们采用不同于传统教科书的方式，以问题为先导，从人物和故事入手。"有人的地方就有心理学"，没有大师就没有今天的心理学。人们都喜欢听故事，故事是人类文明传承的主要方式，更符合人类最基本的认知特性，通过故事和案例来学习，更能让人获益。而从概念和逻辑出发的学习则更抽象、更纯粹，同时也更消耗认知资源，一般只适于高性价比的学校教育。

要理解和解决当下的一些问题，最方便和最实际的方法就是认识这一领域的一些大师，了解他们在自己独特人生经历中的所思、所想、所为，然后再审视今天的生活，这无疑具有启示意义。大师们的人生和思考，其实是心理学学科精神的最佳体现。这也是本书谋篇布局的策略。本书以现实人生问题为出发点，尝试从人物和故事而非学科结构入手，希望以更符合传播规律、更贴近人的认知特性的方式，通过“问题——人物——理论——建议”的结构，让读者了解本学科的一些关键人物，继而理解其研究，并掌握学科精髓。对许多人而言，通过这种方式来学习，可能是最具性价比的路径。

这是一本什么样的书

你手中的这本《人生困惑 20 讲》，是根据以下思路展开的。

问题先导

科学心理学之所以难以征服大众，一个主要的问题在于，它总是采用学科视角而非问题视角。很多心理学人更多的是采用严谨、科学的限定，从具体的学科概念出发，继而引出庞大的心理学理论和命题，虽然科学性很强，但实用性不够，毕竟不是每个热爱心理学的人都需要通过研修心理学的专业知识才能获得成长。所以本书以问题为先导，在保证专业、科学的前提下，让所有内容都聚焦于当下，聚焦于现实中的人生问题。不脱离大众，只谈我们身边的事，谈每个人一生中都会遇到的典型问题。这些问题包括：

如何应对童年创伤？

如何把握人生的关键？

如何在职场中站稳脚跟？

如何通过心理学的学习提高个体幸福感？

…………

这些问题都是切实的问题，而本书给出的答案也都是基于专业研究的答案，希望让读者能有切切实实的感悟和提升。

大师引领

本书的一个重要特色就是：大师引领。我们在进入某个领域时，最需要的往往是专业人士的引领，就像许多人办事时会先想："有认识的人吗？"有人就好办事啊！那么，要通过心理学来解决人生困惑，你有认识的人吗？当然了，认识迟老师不算。在本书中，迟老师会带大家认识许多心理学界真正的大师。

归根结底，任何一门学科都是由一些人、一些研究、一些理论支撑起来的，某些人甚至撑起了它的半壁江山。没有牛顿，经典物理学就无从谈起；没有门捷列夫，化学元素根本找不到家；没有达尔文，进化论就不能成为一门学问。心理学也有一些灵魂人物，他们的观念、思想甚至生活经历左右着心理学的走向。所以，学习任何一门学科，都有必要先认识一些学科内的领军人，这也是入门与否的重要标志。让读者认识一些厉害的心理学人，了解一些心理学理论，能用心理学视角来理解人生，并增强幸福感，就是本书的目的所在。

那么，在群星璀璨的心理学领域，本书会选择哪些大师呢？现在社会上"大师"泛滥，也有一些人自称"心理学大师”。当然，我是不会“请”这些人的。本书所选的，是心理学史上真正如假包换的大师，主要包括两类人。

一类是经典意义上的心理学大师，他们都是美国心理学会专业人士票选出来的心理学界最有影响力的“上榜人物”，既有中国人熟悉的弗洛伊德、荣格，也有大众可能比较陌生的斯金纳、华生等人。这些心理学大师通过理论和亲身经历，和我们一起探讨了恒久的人生话题与心理学答案。

另一类是当下具有“时代精神”（黑格尔语）的心理学家。在当前的时代背景下，心理学界有一些“当红炸子鸡”，他们的研究密切关注当下的生活，探讨的多是当前人们精神生活的主题，他们本身也影响和改变着心理学的走向。我们要了解他们的人生体验、人生观点及给我们的人生建议。

有趣有用

从内容上来说，本书从心理学大师的视角观察、理解人生困惑并寻找答案；从形式上来说，本书努力以轻松的方式传递这些知识内容。学习可以是快乐的，也应该是快乐的。在传递这些大师思想的同时，本书也会穿插一些逸闻趣事，以便尽可能更轻松、更故事化地传递内容。好在有些心理学大师本身就是传奇，他们的人生经历充满了故事性。在谈及当下的人生问题时，本书也会讲到相关心理学大师背后的故事，以便我们理解他们的理论，进而改善自己的生活。

总之，本书会尽可能地将心理学大师的理论与我们的现实生活相结合，对生活中的一些真实问题，给出心理学解释，并尽力提供解决方案。

我在书中不仅讲“why”，即我们的生活为什么会这样，而且会谈“how”，即如何才能提高生命质量。比如，在谈到童年经历时，我会讲弗洛伊德的相关理念，同时也会给出建议，比如如何消除童年经历的不利影响；再比如，谈到塞利格曼的积极心理学观点时，我会给出如何构建自我积极心态的建议。

本书梳理了人生常见的 20 个困惑，引出了 20 位相关的心理学大师及其心理学理念，并穿插了他们的传奇故事，最终从心理学角度给出建议和解决方案，尽量做到有料、有趣、有用。

从“大神来了”到大师登场

作为一名高校心理学老师，向公众普及心理学知识是我的天然使命。我喜欢上网，也曾在网上利用各种形式来传播科学的心理学知识。我印象最深的是，我曾在网上以故事的形式介绍心理学的重要人物和思想，并用一些业内的小段子来宣传心理学，没想到这种自娱娱人的“八卦心理学”传播方式受到了大家的喜欢，也引发了大量转载和相关话题的讨论。在我看来，虽然我和身边的心理学专家、学者皓首穷经，论文报告很专业、实验严谨、数据充实，并发表在重要杂志上，但始终是一种小圈子里的游戏，知道的人寥寥无几，这不能不说是一件憾事。“要把论文写在大地上”（马斯洛语），心理学必须服务于公众，这样才有生命力。在知识和文明的传播中，有人物，有故事，才更符合人性，进而才能有更大的影响力。

按照这样的思路，我曾写了一本书《爆笑吧！心理学大神来了》[①]，说的就是心理学大师生活中的一些小事、趣

① 该书通过 40 多位心理学大师丰富有趣的人生故事，帮助读者快速搞懂心理学这个学科的发展脉络，让读者在轻松愉悦的阅读中收获很多可以指导人生的心理学知识。该书已由湛庐策划、北京联合出版公司出版。——编者注

事和糗事，展示五光十色的心理学世界，很有趣味性。而《人生困惑 20 讲》除了兼顾趣味性，更希望从现实出发，深入大师们的思想深处，谈谈他们的人生经历和研究对现实的意义，具有很强的实用性与启发性。《爆笑吧！心理学大神来了》从心理学大师的故事中选材，是以“大神、大仙”的角度来看待他们的；而《人生困惑 20 讲》并不拘泥于此，选材的意义性大于故事性，重点在于这些大师的研究其生命力能否跨越时代，能否对当下的生活有指导意义。可以说，《爆笑吧！心理学大神来了》与《人生困惑 20 讲》相互补充，又各自独立。

总之，希望读者通过阅读本书，能认识一些心理学大师，了解一些心理学理念，从而化解人生的困惑，重新发现生命的意义，做一个明白的、幸福的、不纠结的人。

你会化解人生困惑吗

扫码鉴别正版图书
获取您的专属福利

扫码获取全部测试题及答案，
一起踏上人生解惑之旅

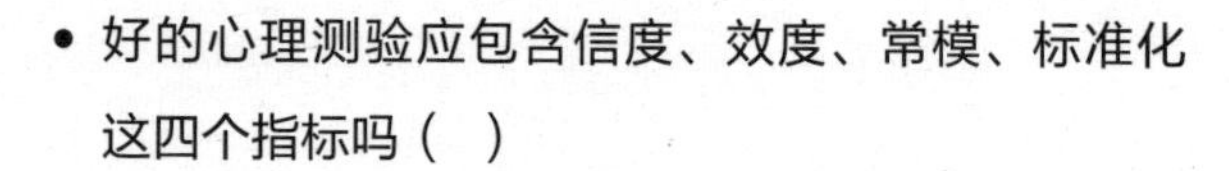

- 好的心理测验应包含信度、效度、常模、标准化这四个指标吗（ ）

  A. 是

  B. 否

- 产生心流的前提一般都是（ ）

  A. 自身技能高，挑战难度低

  B. 自身技能高，挑战难度高

  C. 自身技能低，挑战难度低

  D. 自身技能低，挑战难度高

- 想要解决认知失调的问题，我们可以（ ）

  A. 改变认知

  B. 增加新的认知

  C. 改变认知的相对重要性

  D. 以上全部

扫描左侧二维码查看本书更多测试题

目录

第一部分　自我与成长

01
为什么长大后的错，我们都爱怪原生家庭
原生家庭・弗洛伊德　/002

02 不同年龄阶段一定要完成的使命是什么
自我发展・埃里克森　/013

03 如何才能实现自己的人生价值
自我实现・马斯洛　/026

04
想要改变行为，就跟行为设计的祖师爷学一学
行为主义・斯金纳　/040

05 为什么很多心理测验给人的感觉很准
自我测试 · 高尔顿 /056

06 我们什么时候需要去做心理咨询
心理咨询与治疗 · 荣格 /073

07
人类的终极问题“自由意志”真的存在吗
脑与意识 · 加扎尼加 /088

第二部分　情感与两性

08
每天都过得很压抑，该怎么让自己变得开心起来
积极心理 · 塞利格曼 /104

09
如何找到感性和理性之间的平衡点
理性脑与情绪脑 · 海特 /121

10 有没有快速且易操作的减压方法
缓解焦虑·卡巴金 /137

11 在职场中遇到心仪的人，该试着谈一场恋爱吗
职场恋情·华生 /153

12 如何才能体验到沉浸其中、忘记时光流逝的乐趣
心流·希斯赞特米哈伊 /165

13 完美的爱情究竟是什么样的
两性·斯滕伯格 /180

第三部分 沟通与社交

14 当朋友向我唠叨他的烦心事时，我该怎么帮他
当事人中心·罗杰斯 /194

15 我的孩子究竟在想什么
儿童心理 · 皮亚杰 /208

16 别人施压时，我如何开口说“不”
社会影响 · 米尔格拉姆 /222

17 要想成功，比智商和情商更重要的是什么
胜任力 · 麦克莱兰 /235

18 如何提高你的个人影响力
影响力 · 霍尔 /250

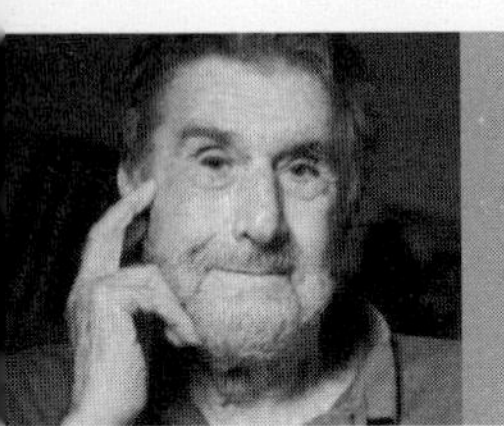

19 怎样才能做到心理平衡
认知失调 · 阿伦森 /263

20 如何理解和自己不同的人
文化心理 · 马库斯 /276

20 Wisdoms From Psychologists

第一部分

自我与成长

01

为什么长大后的错，我们都爱怪原生家庭

原生家庭 · 弗洛伊德

当年，豆瓣上有一个比较好玩的小组，叫“父母皆祸害”。小组成员会在小组里“痛斥”父母当年的不良教育给今天的自己带来的伤害。当然，小组成员主要是为了吐槽家庭影响这件事，毕竟父母的作用不可小觑。那么，父母是不是“万恶之源”？原生家庭的悲剧又该如何避免？

童年的不幸真的毁一生吗

弗洛伊德的童年与观点

提起童年经历，一位绕不开的心理学大师就是西格蒙德·弗洛伊德（Sigmund Freud）。当年，弗洛伊德在心理治疗中发现，许多人在成年时期出现的问题，往往和自

己的童年经历有关。那么，二者之间真的有联系吗？一个人的童年经历与成年时期的人格是否存在因果关系呢？精神分析学派善于分析，既分析别人，也分析自己，而且分析起自己来一点儿也不客气。根据自我分析，弗洛伊德认为，他对父亲的感情很复杂，又爱又恨，大抵源于他对母亲的依恋。他记得自己在大约两岁半时看到了母亲的裸体，然后"力比多"（libido）被唤醒，有了性冲动。

随后，弗洛伊德提出了"俄狄浦斯情结"这一概念，认为所有儿童在发展过程中都会不可避免地体验到这种强烈的"恋母仇父"情结。如果这种情结未能得到很好的疏解，就会影响未来人格的形成。弗洛伊德进一步强调，成年人的人格缺陷往往来自不愉快的童年经历。童年经历对成年人人格形成的影响是很大的，所谓"三岁看八十，七岁定终身"，可以说"童年不幸毁一生"。后来，新精神分析学派的代表卡伦·霍妮（Karen Horney）则直接归纳出了父母的几大"基本罪恶"，包括冷漠、不守承诺、偏爱、羞辱等。

总之，自弗洛伊德以来，有关童年的重要观点都认为，如果一个人在童年过得不好，那他这辈子都要受影响，而且基本没有改善的可能，所以人要重视童年。弗洛伊德的“童年经历影响一生”的观念深入人心，而且具有顽强的生命力。近几年，这种观念卷土重来，而且带来了一个大家耳熟能详的词：原生家庭（family of origin）。

原生家庭中弗氏观点的传承

所谓“原生家庭”，说的是人出生后养育自己的那个家庭。原生家庭是一个人进行情感和经验学习的最初场所。成年、结婚以后，人会和爱人及孩子住在一起，这个家庭就不是原生家庭了，而是“新生家庭”。

心理咨询相关领域的人对原生家庭的谈论尤其多。对一般人来说，童年和原生家庭是紧密联系的。弗洛伊德的“童年决定论”深入人心，所以在原生家庭的语境下，许多人认为自己的问题源自父母早期的不良教育也就不足为奇了。如下面这种认知：

> 我今天的不幸婚姻是我父母当年不幸婚姻的再版。原生家庭问题直接进入了我的新生家庭。

很多人都会这么理解自己当前的不幸，仿佛原生家庭有一种原罪，永远脱不开。

当然，也有人觉得原生家庭论是骗人的，属于伪心理学。龙生九子，还各有不同呢，龙生的9个孩子的原生家庭是一样的，但它们最后的形态却各有不同。所以，一个人的不良行为和父母没有太大的关系。这个“锅”，原生家庭不背。

那么，原生家庭的影响力究竟有多大？我们又该如何看待自弗洛伊德提出后就流传甚广的童年决定论呢？

原生家庭的影响会遗传吗

原生家庭的代际遗传

作为一个人成长的最初场所，原生家庭的确会对人的人格形成产生极大影响。许多科学范式下的心理学研究虽然没有明确地以原生家庭的名义展开，但也揭示了家庭环境对人的重要意义。

成长于“不良”家庭环境中的个体，其心理社会行为会受到影响，进而更容易产生情绪管理及心理健康等方面的问题。例如，在单亲家庭长大的孩子，由于父亲或母亲的角色缺失，他们往往会比其他人表现出更明显的性格缺陷；如果父母经常吵架，那么孩子就会对恋爱和婚姻感到迷茫、畏惧甚至厌恶；如果父母提供不了支持性的、温暖的家庭环境，而是以拒绝或冷漠的方式来对待孩子，那么孩子长大以后就容易出现反社会行为，包括婚恋中的暴力行为。

原生家庭不仅会对孩子的社会情感生活产生影响，如影响他们的恋爱生活，同时还会影响他们的婚后生活。甚至有研究发现，原生家庭的经历是影响一个人成年后性生活满意度的重要因素，换句话说，夫妻性生活的不和谐，是当年父母的粗暴对待导致的部分后果。一项针对 4 000 多名儿童的成长追踪调查发现，童年时期，如果父母的婚姻关系痛苦或婚姻破裂，那么这些孩子将来在青春期出现抑郁、焦虑的风险就会增加；此外，父母解决冲突的模式在某种程度上也会传递给子女，子女会在自己与他人的亲密关系中复制这种模式。也就是说，原生家庭对个体的影响是长期且深远的，甚至可以一代代传下去。

绝非事情的全部

原生家庭对个体成年后的影响毋庸置疑，这是不争的事实，相关研究案例也不胜枚举。但是，这绝非事情的全部真相。

从理论上来说，新精神分析学派的卡伦·霍妮虽然也痛斥了父母的罪恶对孩子的影响，但她反对弗洛伊德的童年决定论。她认为，人格的形成会受到文化因素的很大影响，而且每个人的内心深处都有积极成长的内在力量。

我们在现实生活中可以看到，大多数年轻人在成年后离开家庭，之后的自我塑造更多的在于他们自己的努力。原生家庭的力量虽然很强大，但个体的自我塑造才是最终的决定力量。

原生家庭论说出了一部分事实，即原生家庭对人的成长的确有影响，但作用有限。它是一面镜子，可以映照出过去的是与非，但它并不是一把尺子，无法衡量今天的因与果。

我们为什么喜欢童年决定论

那么，我们为什么喜欢原生家庭的说法？这种说法在中国为什么如此流行？弗洛伊德的童年决定论的生命力为什么如此强大？归根结底，还是和人性有关。

首先，童年决定论等观点使得人们看到的一切更容易得到理解，解释力惊人，而这种论调满足了我们对世界理解的需求。这其实也是宗教的重要心理起源，任何事都需要明确简洁的解释。这属于人性范畴，科学是做不到的。

其次，对中国人来说，由于长期受儒家“君臣父子”等传统思想的影响，在成长过程中都会有“成人不自在，自在不成人”的经历，现实生活中活得太委屈，成长路上也受尽成人世界的压榨。弗洛伊德的精神分析认为心理问题源自童年和性，这种解释恰恰能反映中国人对童年和性的普遍态度，我们都是在欲望与压抑的煎熬中长大——精神分析懂我们，所以我们爱精神分析。

最后，从根本上来讲，童年决定论等观点是一种外归因，不伤人心。换句话说，这种理论可以推导出，我们今天出现的问题不是自己造成的，而是由外在因素决定的，如不可改变的原生家庭等因素。这样的解释会让我们在感叹生活不公的同时，也给自己的问题找到了借口。因此，我们可以将责任推到一边，可以放弃自己的努力而不愧疚，从而得到极大的安慰。

尤其是那些童年有阴影的，或性方面受压抑的人，多半都可以从弗洛伊德的理念中找到问题的解决方案。因此，童年决定论最终成了一个流行的概念，也成了苦闷大众寻求心灵慰藉、推卸人生责任的挡箭牌。

如何摆脱代际的循环

然而，一切都是命中注定，不可改变了吗？原生家庭带来的诅咒只能一代代传下去吗？当然不是，俗话说“我命由我不由天”。接下来，我们来谈谈面对原生家庭问题，该如何努力改变自己的思路和策略。

直面问题，以平常心对待

我们要明白，所有的父母都难免有不足之处，不存在绝对完美的原生家庭。在原生家庭中，即将或已经成为父母的人，难免会犯这样或那样的错误，有调查表明，大多数父母都打过孩子。不过，仅凭这种过激行为，不能说明这些父母残暴无情或不称职。

我们都是普通人，一直拿原生家庭说事儿意义不大，谁都无法改变自己的出身。而怀着一颗平常心来看待原生家庭的“罪与罚”，恰恰可以成为我们当下努力的方向。

有效沟通，与自己和解

怀着一颗和解的心进行有效沟通也很重要。弗洛伊德曾分析过他自己的童年，我们也可以站在第三者的角度，“回到”童年的自己身边，给那时的自己一些安慰，这样一来，理解了自己的童年，也就理解了自己当下的不满。因此，不要用过去的行为模式来惩罚今天的自己。

面对委屈，我们可以通过与父母沟通来与自己和解，比如：

- 给父母写信，诉说自己的委屈和渴望，进而原谅彼此；
- 直接与父母对话，彻底克服面对他们时的恐惧，告诉他们实情以及自己当下的所想。

虽然我们不一定能得到多么善意的回应，但我们心中的结会因此而解开。

另外，我们也可以寻求专业人士的帮助。当我们沉浸在原生家庭带来的痛苦中难以自拔时，向他人求助是最佳选择途径。

放弃斗争，为未来做准备

父母有自己的行为逻辑，而有效表达自我是我们的需求，但我们不应该通过改变父母来获得良好的自我感觉。有的父母对孩子没有爱，有的父母不知道怎么表达爱，面对这样的事实，我们可以选择不原谅他们，但必须转移自己的焦点。

从治疗方面来看，弗洛伊德那种把咨询重心放在过去的做法已经过时了，如今的心理治疗早已不再集中关注来访者早期的生活经历，不再集中在“过去”，而是把重点转移到“当下”，重视来访者如何改善当下的行为和人际关系。所以，无论童年决定论是否正确，纠结于此往往耗时费力，且收效甚微。

其实，童年决定论以及原生家庭的观点给我们的启示，更多的并不是让我们回望过去，而是着眼于现在和未来。重视活在当下，由我做起，在今天以及未来的日子里，减少原生家庭的负面影响，断开其代际传播的通路，学着做合格且优秀的父母，让自己的孩子成长在一个幸福、充满生机与朝气的原生家庭中。

最后，来讲一则小故事。有个小男孩很淘气，小时候曾在父母的卧室里撒尿，气得他父亲大骂："你这臭孩子将一事无成！"那么，这个调皮的小男孩会不会因为父亲的责骂而怀恨在心，由于父亲的"诅咒"而耽误了身心发展，最终真的一事无成呢？并没有，事实上，这个小男孩最终成了最有影响力的心理学家之一，他就是弗洛伊德。

02

不同年龄阶段一定要完成的使命是什么

自我发展 · 埃里克森

相传，北京大学的保安个个都很传奇。有人去北京大学，在门口遭到保安的三大“盘问”：“你是谁？你从哪里来？你到哪里去？”与此有异曲同工之妙的是网约车司机的常规问话：“你清楚自己的定位吗？”

北京大学的保安与网约车司机的问题，既是生活中的现实所需，也是我们每个人一生中都要回答的问题。困扰许多年轻人的问题其实就是：

> 我是谁？我从哪里来？我要到哪里去？我的人生定位在哪里？

“保安三问”的答案

从本质上来讲，以上几个问题都是关于自我认同的。在心理学中，如果想确认这一问题的答案，需要求助发展心理学家埃里克·埃里克森（Erik H. Erikson）。埃里克森把弗洛伊德关注的无意识的“本我”提升到意识层面的“自我”，并强调了社会文化因素对自我成长的影响。埃里克森认为，“我”不是孤立的现象，而是与“他人”以一种相互融合的方式存在。他强调了“我”的社会特征，认为“我”只能在“我们”中重建。他把“我们”定义为“一群分享一致的世界形象的‘我’”。

关于“我”的认同和定位，可以通过“自我同一性”（ego identity）这一概念来理解。“自我同一性”现在普遍被翻译成“自我认同”，指的是一个人对于自我身份的确定。在青少年期，我们对自我的现实与未来、自我的表象与真相一般会产生诸多不确定感，比如“我是一个什么样的人？”“我要成为一个什么样的人？”“我要努力成长为什么样的自己？”……这些问题如果能顺利得到解决，我们就能在社会群体中展现出忠诚的品质，成为一个自我定位明确且有追求的人。

不过，在青少年期就明确自己的身份认同并不容易。而且，如果我们没有很好地解决这一问题，不清楚自己的定位，不认同自己的现实，就会经历心理危机，出现自我认同混乱。其实，埃里克森本人对自己的身份认同在青少年期就出现了混乱：高中毕业后，他很迷茫，于是他流浪，学习艺术……这些都是他寻找自我、定位自我的过程。后来，他找到了心理学，找到了精神分析，最终确定了自己的内在喜好和努力的方向，成了一名心理学家。68 岁的时候，埃里克森的自我认同混乱彻底平复了，他向世人道出了自己的身世。

大师小讲

爸爸去哪儿了

埃里克森的身世究竟有什么独特之处呢？回答这个问题好像有点难，其实谜底就在谜面中，埃里克森的全名是埃里克·洪布格尔·埃里克森（Erik Homburger Erikson），Erikson 里有个“son”，学过英文的都知道，son 就是“儿子”的意思。他的亲生父亲的名字就是 Erik，中间的 Homburger 是他继父的姓氏。

埃里克森是一个私生子，从来没有见过自己的亲生父亲，他的母亲是一个犹太人。与他亲生父亲在一起的那段日子应该是他母亲一段不堪回首的经历，因此，他母亲也从未向他提起过他的亲生父亲，在高中之前，他也不知道有这样一个人。埃里克森 3 岁的时候，他母亲嫁给了一个名叫西奥多·洪布格尔（Theodor Homburger）的牙医，这个人也是犹太人。所以，埃里克森是在犹太人家庭中成长起来的，但他长得一点儿也不像犹太人，可在学校里，其他同学又把他当成犹太人。所以，“我是谁？我从哪里来？我要到哪里去？”这 3 个问题始终萦绕在他的脑海中。

中学毕业后，埃里克森没有听从继父的建议去读大学，而是到处游荡，学学速写、雕刻，成了一名“流浪艺术家”。后来，他到了维也纳，这里是弗洛伊德的“大本营”。在那里，埃里克森遇见了弗洛伊德的女儿安娜·弗洛伊德（Anna Freud），由此进入了精神分析的世界。学成之后，为了逃避纳粹的迫害，他和当时欧洲的许多心理学家一样去了美国。最终，埃里克森以高中学历成了哈佛大学的教授，并成了享誉世界的发展心理学家。

去美国之前，这位“流浪艺术家”把自己的名字正式从“埃里克·洪布格尔”改为“埃里克·洪布格尔·埃里克森”，他认为自己的最终定位还是“埃里克的儿子”，而自我认同也成了他的重要研究内容。

8 个关键生命周期

那么，由青少年期的认同危机向外扩展，是不是人生的各个阶段都有类似的危机及不同的任务呢？

埃里克森对弗洛伊德的基于性欲的发展学说进行了拓展，用“心理－社会发展”代替了单纯的“自我发展”，提出了整个生命历程的“生命周期”概念，并将其具体化为人格发展的 8 个阶段（见表 2-1）。

埃里克森的人格发展八阶段理论源于弗洛伊德的人格发展理论，他对其进行了拓展和完善。当时，埃里克森只是基于自己的咨询实践与思考提出了这一理论，它基本上是一种假说性理论，并没有充分的实验证据。然而，后来这一理论的影响却越来越大，许多观点也得到越来越多证据的支持。

表 2-1　埃里克森的人格发展八阶段理论

阶段	年龄（岁）	心理 - 社会矛盾	矛盾得到解决形成的品质	矛盾解决失败形成的品质
婴儿期	0 ～ 1.5	信任 - 不信任	信任他人，对外界有安全感	恐惧，对外界感到害怕和不信任
幼年期	1.5 ～ 4	自主 - 羞愧和怀疑	能按社会要求表现出目的性行为，发展出自主能力	缺乏信心，畏首畏尾，感到羞愧，怀疑自己的能力
学前期	4 ～ 6	主动 - 内疚	为人主动，表现出积极性和进取心	畏惧、退缩，并产生内疚感和失败感
学龄期	6 ～ 12	勤奋 - 自卑	勤奋，掌握求学、做事、待人等各种基本能力	缺乏基本的生活能力，感到自卑和无价值
青春期	12 ～ 18	同一性 - 角色混乱	有明确的自我概念，自我内部与外部环境相协调	对于自我与他人的角色认知混乱，充满不确定性
成年早期	18 ～ 30	亲密 - 孤独	建立友情和爱情，发展出爱的能力	与社会疏离，孤独寂寞
壮年期	30 ～ 65	繁衍 - 停滞	热爱家庭，关心社会，追求事业成功	只顾及自我和“小家”，缺乏社会责任感
老年期	≥ 65	自我整合 - 绝望	回顾一生，感到生活有意义	悔恨旧事，消极绝望

埃里克森认为，人格在人的一生中一直在不断发展，每个人都会经历人生发展的 8 个阶段。在每个阶段中，每个人都有主要的发展任务，如果成功完成发展任务，并顺利解决了危机，便会形成积极的品质；反之则适应困难，会形成消极的品质。如前面所谈的青少年期，这一阶段的发展任务就是建立自我身份认同，如果在这一阶段末期对“我是谁？我从哪里来？我要到哪里去？”这 3 个问题仍然不明确，自我定位不清，就会导致自我认同混乱，角色感不清。

八阶段理论在当下的意义

对于埃里克森提出的人格发展八阶段理论，究其实质，我们可以将其看作是某一品质发展的关键期，在关键期要解决关键任务，以养成特定的人格特质。

说到关键期，我们很容易想到孩子学外语。孩子如果学外语，最好在 10 岁之前加把劲儿。这件事等不得，因为 10 岁之前是学语言的关键期，过了这一阶段再学很难学得地道。我现在说的英语还带有“标准”的东北口音。根据埃里克森的观点，不仅学语言存在关键期，许多人格特质的形成也存在关键期。

吃奶的孩子的“信任”

人格发展的第一阶段是婴儿期，这一阶段是哪种人格特质形成的关键期呢？有人说吃奶最关键。吃奶确实很重要，但吃奶是生理上的表现，不是心理上的。埃里克森认为，在这一阶段，人格特质培养的关键在于“信任”。换句话说，婴儿期是培养孩子对周围的人、对世界产生信任的人生关键期。

对此该怎么理解呢？很简单。假设孩子的妈妈很有耐心，很细心，又有责任心，每天把孩子照顾得很周到。当孩子有需求的时候，比如哇哇一哭，妈妈马上意识到孩子要吃奶了，于是赶紧把孩子抱过来喂奶；孩子哇哇又一哭，敏感的妈妈马上分辨出，这次的哭声和上次不一样，孩子不是要吃奶，而是尿尿了，于是赶紧过来给孩子换尿片。几次下来，孩子会产生一种感觉：这个世界是可以信赖的，周围的人是良善的，我有需求的时候能够得到帮助。这样，他们会形成“信任”这一人格特质。

而如果孩子的妈妈马虎大意、情绪不稳定，高兴的时候，比如丈夫送了礼物，心里很爽，孩子没哭也会抱起来亲个没完，“乖宝宝、乖宝宝”叫个不停；不高兴的时候，比如和婆婆吵架了，心中不快，孩子哭半天了她也不管，而且也不管孩子听不听得懂就责骂："哭哭哭，就知道哭，早知道这样真后悔把你生下来，不如把你塞回肚子里……"如此这般，孩子就会得出一个结论：这个世界无法信任，周围的人什么时候对我好、什么时候对我不好也没个准儿。如此一来，他们就会形成"不信任"的人格特质。

进一步，孩子和妈妈之间就会形成相应的安全型依恋关系或不安全型依恋关系。二者之间的差异在孩子一两岁时就会体现出来。例如，如果孩子的妈妈要离开了，与妈妈形成安全型依恋关系的孩子会怎么样呢？他会哭，但很快就会停下来，因为他知道，妈妈可能有事儿要出门，他并不会感到焦虑；他也知道，当自己有需求的时候，妈妈就会回来，因此妈妈走后，他很快该玩就玩，该乐就乐。而与妈妈形成不安全型依恋关系的孩子，当妈妈离开时，他也会哭，而且会哭个没完没了。在他的观念中，妈妈一走，就不知道她还能不能回来了。

根据埃里克森的观点，孩子在婴儿期形成的信任也许会影响他们一辈子，因为他们对世界、对他人的基本信任就源于此。比如夫妻间的信任问题。现在有许多女性对自己的丈夫的成长感到焦虑，当丈夫的事业顺利、男性魅力愈发强大时，总担心他有外遇，自己的地位保不住。很常见的一个现象就是，当一群男人聚会，有的时候仅仅稍晚了一些，一些男性家属的电话就来了："老公，你在哪里啊？什么时候回来啊？现在和谁在一起啊？把我的电话给他，我要和他说两句……"这就是生活中常见的所谓"查岗"：担心丈夫，对丈夫的行为感到焦虑。有的男人很委屈，自己在外面什么也没有做，但自己的妻子就用各种手段一直监控自己，在朋友和同事面前接妻子的电话也心生埋怨："你为什么就不能信任我呢？"其实也没必要埋怨，这样的男人可能要做的是回家问问自己的岳母，自己的妻子当年是如何被照看的，没被照看好就会这样。婴儿期如果没有形成对世界的信任，成年后的夫妻关系也会受影响，无论对方表现得多么好，这个人就是无法对对方产生信任感，而且缺乏安全感，焦虑是其一辈子的标记。

大学生的"亲密"

有人可能会说："这太玄了吧。"或许有点夸张，但精神分析的思路基本就是这样的。接下来，我们谈一谈大学时期什么最关键。读书？考级？还是搞社团活动？都不是，根据埃里克森的理论，上大学的时候（18～25岁），是建立亲密关系的关键期，换句话说，上大学时，谈恋爱、搞对象很重要。当然，从世俗方面考虑，有一些人，尤其是有一些人生经验的“过来人”会说：“大学生谈什么恋爱，着什么急啊！谈了也不成，还不如利用这段时间多读点书，多考几个证，毕业了找个好工作，到时候再谈也不迟啊！智者不入爱河。”

有没有道理？好像也有点道理。确实，大学生谈恋爱的比较多，但最终修成正果的比较少。大学期间的恋爱要么“无疾而终”，要么经不住现实的风吹雨打，大学毕业后惨淡结束，这是普遍的现象。那么，大学期间就不要谈恋爱了吗？埃里克森在人格发展八阶段理论中不是说，这个时候是建立亲密关系的最佳时期吗？大学生谈恋爱虽然不容易成功，但在我看来，谈恋爱不一定要所谓的“成功”。

为什么呢？因为在这一关键期，恋爱中的双方会在两情相悦中体验亲密感，见到心仪的人才会出现“小鹿乱撞”的感觉。跨过这一人生时期，人年纪大了，收入稳定了，工作顺利了，所谓成熟了，到那个时候再谈恋爱行不行呢？不是不行，但当年的那种感觉没有了，不同的人生阶段有不同的任务。只有青春年少的时候，才是意气风发、体验亲密关系的最佳时期。佳期一去不复返，此地空余伤心人！

壮年期的“繁衍”

埃里克森认为，25 ～ 50 岁这段时期的关键任务是“繁衍”，这里的繁衍不仅仅是指生孩子，还包括工作。这一阶段是一个人出工作成果或作品的关键期。对于工作的问题，本讲就不多说了，以下重点谈谈家庭。

在埃里克森的观念中，对于青年和中年人，除了工作，爱人孩子最重要。在壮年期，该谈恋爱谈恋爱，该结婚结婚，该生孩子生孩子，该教育孩子教育孩子……这是人生这段时期最重要的事，做好了这些事情，生活才算完满。当然，我们可能会找各种理由来回避这些可能需要自己承担责任的事情，比如声称自己工作忙，没时间谈恋爱；压力大，没时间教育孩子；事情多，没时间陪爱人……但不要忘了，人生关键期过去之后，造成的遗憾是难以弥补的。很多父母错过了育儿的关键期，没有和孩子在一起，结果导致孩子的心里对父母始终存有芥蒂。孩子小的时候父母没时间教育他们，那父母什么时候有时间呢？退休之后吗？退休之后就不一定是谁教育谁了。

在人生这段时期，许多人忙于工作而忽略了家庭，这种做法是存在很大隐患的。我们应该分清主次，凡事讲究轻重缓急，力所能及地多陪陪家人，切忌好高骛远，沉浸在自己无能为力也无法左右的“远大理想”中，这无异于浪费青春和生命。

只有把握好人生的关键，在关键期做好关键事，踏稳人生节奏，顺应人生发展规律做事，我们最终才能成为人生赢家。

03

如何才能实现自己的人生价值

自我实现 · 马斯洛

青春岁月中，许多年轻人会感到孤独和迷惘，他们听从父母的安排、师者的指导，读书、考学、找工作。难道他们注定要走别人安排好的人生吗？人活着的目的何在？怎样才能实现自己的人生价值？

为什么人们越来越关注自我价值

对于“为什么人们越来越关注自我价值”这个问题，心理学领域最有资格回答的人是亚伯拉罕·马斯洛（Abraham Maslow）。英国作家科林·威尔逊（Colin Wilson）曾说：“自马斯洛去世以后的25年当中，他的名声没有一点下降迹象，而与此同时，弗洛伊德和荣格的声名却遍体鳞伤，布满弹痕，我认为这是非常重要的一点。我相信，这是因为，在马斯洛的思想中，最有意义的东西，在他自己那个时代都还没有显露出来。他的重要性在未来，在 21 世纪一定会显露出来。”

威尔逊说的未来已来，现在已经是 21 世纪了，年轻人关注的问题已不同于往日。从中国的现实背景来说，“60 后”关注的是温饱，“70 后”关注的是吃好，而“80 后”“90 后”“00 后”则生活在一个富足和宽容的社会，他们的心灵追求从“温饱”等需求升华到“自我实现”，他们更关注自我价值与人生价值的实现，而这正是马斯洛需求层次理论的焦点所在。

作为人本主义心理学大师，马斯洛探讨了人生动机和需求步步升级的过程。在马斯洛的理论中，动机和需求是一回事，人类所有的行为都是由一定的需求驱使的。人的需求从低到高依次为生理需求、安全需求、归属和爱需求、尊重需求以及自我实现需求。这 5 种需求是有层次的，像爬阶梯一样，从低到高，逐层递升。

举个例子，比如问你：“你为什么要工作啊？”你可能回答：“唉，混口饭吃。”混口饭吃，这就是生理需求，我们工作中获得的薪水、健康的工作环境及各种福利主要是为了满足这类需求。

但如果你已经不愁吃穿了，当别人问你为什么还要工作时，你可能会回答："唉，得供房啊！"租房、买房、供房，是为了保证自己不会露宿街头，远离危险，这是为了满足安全需求。公司为你提供的"五险一金"等主要满足的也是安全需求。

但如果你的房款已经供完了，别人问你为什么还要工作，你可能会回答："唉，房子太空，得找个人成家。"这就是归属和爱需求了，人都有归属某个群体及建立良好人际关系的渴求。

那么，当你成家以后，别人又问你为什么还要工作，你可能回答："自己想在单位做出点成绩，在家人和同事面前才有面子。""有面子"主要是为了得到他人的崇拜和承认，这就是尊重需求。人们在社会中寻求地位、名分、权力等，甚至与他人的薪水进行比较，都是为了满足此类需求。

最后，当你有了家庭和孩子，别人再问你为什么还要工作时，你可能会回答："哎，人就应该找点事儿干，我现在就好这一口！”这时的工作就脱离了低级需求，满足的是较高层次的需求，也就是自我实现需求。这时候，工作的目的不为其他，只为能发展个人特长，追求挑战。

因此，同样的工作，不同的人有不同的动机，需求层次各异，水平有高有低。

娱乐也一样，比如打麻将。有的人打麻将是为了和好友聚在一起热闹热闹，这是归属和爱需求；有的人打麻将是为了向别人证明自己聪明、牌技好，这是尊重需求；还有的人打麻将不为别的，就为了和牌时的快感，在完成挑战性任务后获得内心的满足，这就是自我实现需求了。一桌麻将，可以满足人的各种需求。

一般来说，大多数人在满足了尊重需求之后，就觉得差不多了，将目标定在自我实现的人比较少，这些人在生活中显得比较另类。传统中国人的理想是：一亩地，两头牛，老婆孩子热炕头。“一亩地，两头牛”，有吃有喝，满足的是生理需求；“老婆孩子”，满足的是归属和爱需求，以及尊重需求；“热炕头”满足的是安全需求。这里面没有提到自我实现需求。

以上提到的是我们熟知的需求层次理论的 5 个阶段，后来，马斯洛又增加了认知需求和审美需求两个层次，并将人的需求整体分为两类：基本需求和成长需求。前者包括生理需求、安全需求、归属和爱需求以及尊重需求；后者包括认知需求、审美需求和自我实现需求。很明显，当下年轻人关注的需求已经从基本需求转变为成长需求，他们要通过自我实现来完成自我的人生价值。在这一点上，马斯洛本人的经历可以作为一个范本。

马斯洛“逆行”需求层次理论

根据马斯洛的需求层次理论，一般来说，当低层次需求得到满足后，人才会产生高一层次的需求；当某种需求得到满足后，人就会失去对相关行为的唤醒。比如，假如某位老师对学生呼来喝去，那么学生就不愿意学习了。这是因为，在尊重需求没有得到满足的情况下，人很难产生认知需求。如果你在课堂上饥肠辘辘，是听不进去老师讲的课的，因为你的基本需求没有得到满足，此时，成长需求就很难成为主导需求。

但有时候，世界的希望就在于例外或“不正常”，需求层次的顺序并不是完全固定的，一些特殊的人可以选择

“逆行”需求层次。也就是说，有些人可以为了高层次需求放弃低层次需求，从而显现出特别的风骨。比如越王勾践为了复国的理想而卧薪尝胆，比如诗人屈原为了表达爱国之情投江自杀……

其实，马斯洛本人就是“逆行”需求层次的最佳例子。

马斯洛的童年很悲惨，基本可说是父不慈、母不爱。他母亲是个老迷信，动不动就诅咒他：“上帝会惩罚你的。”他父亲要“和气”一点。在一次聚会上，他父亲当着大家的面嘲笑他：“你们见过比他还丑的孩子吗？”这多伤人的自尊啊，尤其是对马斯洛这样一个心思细腻又自卑的孩子来说！父母为什么就没有一点鼓励呢？不过，马斯洛长得丑确实也是事实。在一个没有归属和爱的家庭中长大，马斯洛的基本需求难以得到满足，于是他选择了更高层次的认知需求：一头扎进图书馆，竟然把青少年可以看的书都看完了，后来图书馆管理员给了他一张成人卡，他又接着看成人看的书。

马斯洛在青年时代比较奋进。读硕士的时候，他按照导师指定的方向写了篇学位论文，写得挺用心，导师觉得很好，学位论文轻松过审。不过马斯洛并不满意，总怀疑自己论文的价值。虽然他因此获得了学位与尊重，但实在满足不了他的认知需求和自我实现需求。后来，马斯洛溜进图书馆，竟把自己的论文偷了出来。不过，他的导师还是把这篇论文发表了：写得好就得让大家知道啊！

马斯洛的中年时代也是很理想化的。马斯洛在本科、硕士和博士阶段做的基本都是行为主义研究，当大学老师以后，开始做一些咨询工作，他的变态心理学课程深受学生欢迎。作为一位大学老师，他的生活可以说是很滋润的，心理的基本需求也都得到了满足。但是不久，马斯洛的研究和努力方向又开始转变了。珍珠港事件发生后不久，有一次他驾车回家，遇到了游行的队伍，看到衣衫破烂的军人、童子军，麻木的人流，飘扬的旗子……马斯洛不禁泪流满面："我觉得我们并不了解希特勒，也不了解德国人，我们不了解他们中的任何人，如果我们能了解他们，我们就会取得进步。"他幻想能有一张"和平圆桌"，大家聚在一起讨论人性、和平以及兄弟情谊，而不是彼此杀戮。正是在那个瞬间，马斯洛立下志愿：放弃当前的研究内容，要为那张"和平圆桌"发现一种心理学，"要把论文写在大地上"，要研究人民群众的心理学。后来，他改变了心理学的研究走向，提出了人本主义心理学，弘扬人性之善与自我实现成了他终身的研究目标。

从马斯洛的求学以及研究经历来看，他从来没有把心理学当成自己的谋生工具，没有利用心理学满足自己的低层次需求。实际上，心理学是他体验世界的途径，也是他满足高层次需求的所在。

到了老年，马斯洛在快退休的时候接了个好活儿：一家公司聘请他做研究员，为他提供研究经费，薪水很高，配备了名车，还有私人办公室，工作任务是什么呢？他想研究什么就研究什么。

面对如此优厚的待遇，马斯洛愉快地接受了，去这家公司上班了。什么大学教授、美国心理学会会长，什么尊重需求、自我实现需求，这些就暂时放到一边吧。也不管什么需求层次了，养老就是终极需求，都这么大年纪了，就别折腾了，他是人，不是神。

有意思的是，这段基本与心理学无关的故事被很多《心理学史》教材都写进去了，可见这些编者学人，包括笔者本人，是多么羡慕马斯洛的退休生活啊！

“高峰体验”究竟是一种什么体验

在马斯洛需求层次理论中，最高层次的需求是自我实现需求，而人们在达到自我实现时感受到的短暂的、豁达的、极乐的体验，就是高峰体验。这是一种趋于顶峰、超越时空、超越自我的完美体验，这种体验仿佛与宇宙融合了，是人自我肯定的时刻，是一种超越自我、忘我且无我的状态。那么，高峰体验究竟是什么样的？我们仍用马斯洛的故事来说明一下。

马斯洛年轻的时候爱上了自己的表妹，但他生性腼腆，不知如何开口，只能每天往表妹家跑。后来他回忆当时的场景，说自己爱着表妹，当面又不知道说什么，心中还总想着男欢女爱的事，一时间场面非常尴尬。对于年轻人的“那点事儿”，过来人一看就明白。他未来的大姨子在边上看着都替他俩着急，后来实在看不下去了，就鼓励马斯洛：“去啊！去吻她啊！”马斯洛犹犹豫豫地去吻了表妹，让他没想到的是，表妹也回吻了他。这就是马斯洛的高峰体验——他的初吻和初恋。之后，两个人幸福地生活了一辈子。

当然，高峰体验不仅表现在两情相悦的场景中。用马斯洛的话来讲，它还“可以来自爱情、和异性的结合，来自审美感受（特别是对音乐）；来自创造冲动和创造激情（伟大的灵感），来自意义重大的顿悟与发现，来自女性的自然分娩和对孩子的慈爱，来自和大自然的交融（如在森林里，在海滩上，在群山中），来自某种体育运动（如潜泳，或翩翩起舞时）等等”。

马斯洛对自我实现的建议

尼采曾说：“成为你自己。”马斯洛的自我实现说的就是，一个人能够成为什么，他就必须成为什么，他必须按照自己的本性引导自我成长。通俗地说，自我实现就是充分发挥一个人的潜能。

1967 年，马斯洛发表了《自我实现及其超越》，他在文中提出了趋向自我实现的一些具体建议，我们这里可以用“四结合”和“三不”来标记。所谓“四结合”，指的是面对各种问题时的 4 种态度：

一是直面问题。这要求我们在生活中能勇于探索、反躬自问和承诺责任。

二是反求诸己。这需要我们“倾听自己生命

内在冲动的呼唤”，让自我显现出来。就是让自己的天性、潜能自发地显现出来，使之成为行动的最高法则。人并不是一堆待塑的泥土，而是一种内含无限潜能的主体性价值存在。要达到自我实现，关键不在于外人或其他外在因素，而在于首先要求助于自己。

求助自己，倾听心声，这样的例子有很多。当年，乔布斯在设计手机时，并不是用户需要什么就生产什么，而是聆听自己的心声，“follow your heart”：我觉得用户需要什么，便设计什么。结果，乔布斯推出了跨时代的电子产品：iPhone。

三是选择成长。人在一生中会遇到各种各样的选择。马斯洛说：“面临前进与倒退、成长与安全之间的选择时，要选择成长而不是选择防御，力争使每一次选择都成为成长的选择而不是倒退。”根据马斯洛的观点，人不要选择守势，而要采取攻势，要永远向前。人生如逆水行舟，不进则退。另外，不要在逆境中沉沦。马斯洛的人生选择也是如此，他提出的基于人性善的人本主义理论，在当时并未得到学界的认同。他多次梦到自己被美国心理学会除名，不过醒来后，他依然坚持自己的学术理论，直到这些理论最终被认可，被传播，之后影响了千千万万的人。

四是忘我之境。自我实现意味着一个人需要充分地、活跃地、忘我地体验生活，全身心地献身于某一件事而忘怀一切；同时也意味着进入完完全全成为一个人的自我实现时刻。因此，人应该经常全身心地专注于某一件事情、某一项使命，彻底丢弃伪装、拘谨和畏缩，真正进入“忘我”的主体状态。关于“忘我”的状态，今天更为流行的专业说法叫“心流”（flow），后文我们再来详细讨论。

马斯洛认为，自我实现的人在每次选择到来的时刻，都能将以上 4 种态度结合起来，处理好相关的大小事件。

所谓“三不”，主要包括：

不断进取。要趋向自我实现，人必须不断进取。自我实现不是一种结局状态，而是在任何时候、任何程度上实现自我潜能的一个过程。这意味着，实现个人的价值往往需要勤奋和努力。

不恋高峰。高峰体验是自我实现的短暂时

刻。马斯洛认为，高峰体验是善的，也合乎需求，每个人在生活中都可能会碰到这样的时刻。不过，它只代表着自我实现的辉煌时刻，而非全部过程。因此，人不能停留或迷恋于此，必须不断进取、不断超越，努力认识自己、发现自己、实现自己。

不背包袱。人要识别出哪些心理是自己的防御心理和精神负担，并有勇气放弃不良的防御。马斯洛认为，人本主义心理学应该揭示整体人性，引导人们摆脱精神负担和心理负担，给人们指明一条自我实现的光明道路，这才是其理论的意义所在。

总之，自我实现的人是我们应当追随和效仿的楷模，他们代表着人类努力的方向，体现了人性能到达的境界，我们可以通过“四结合”和“三不”等途径达到这种境界。

最后，来讲一则关于马斯洛的小故事。据说有一次，马斯洛在课堂上问他的学生：“你们当中谁认为自己将取得伟大的成就？”学生们面面相觑，不知如何回答，茫然地看着马斯洛。这时，马斯洛反问道：“除了你自己，还能有谁呢？”

是啊，限制我们发展的，只有自己，别人根本阻止不了我们前进的脚步。而能取得成就的，除了我们自己，还能有谁呢？马斯洛给了他的学生这样的信心，我们也要有这样的信心。

04

想要改变行为，就跟行为设计的祖师爷学一学

行为主义 · 斯金纳

许多男性在小便时都会肆意“挥洒”，导致尿液外溅。为了解决这一问题，有人在小便池上雕刻了一只苍蝇的图案，结果大大减少了尿液外溅的现象，因为男性再来小便时，会对准苍蝇的图案。有些人天天喊着“我要一个月瘦20斤”，结果往往不容易成功，因为目标太大了，容易让人绝望；反而是每天要求自己做一个俯卧撑的人最终减肥成功，因为目标简单，容易坚持，日积月累，反倒养成了锻炼身体的好习惯，最终减肥成功。

在当下这个时代，要实现目标，我们需要进行行为设计，而良好行为习惯的养成不能只靠美好的愿景，还要懂得背后的原理与方法。“强扭的瓜不甜”，不符合人内心需求的行为塑造只能遭到批判与抵触；而当我们掌握了心

理规律之后再进行行为设计，往往事半功倍。

行为设计的祖师爷

谈到行为设计，追根溯源，其理论与实践的先驱是行为主义大师伯勒斯·斯金纳（Burrhus Skinner）。斯金纳是新行为主义的主要代表人物，是继约翰·华生（John Watson，行为主义创始人）之后最伟大的行为主义者。他在 44 岁的时候就被写进了心理学史，曾是美国科学院院士，获得美国政府颁发的最高科学奖——美国国家科学奖，《时代周刊》当年称他是“尚存于世的最具影响力的心理学家”。2002 年，在美国心理学界进行的投票中，斯金纳的影响力在“20 世纪最著名的 100 位心理学家”中排名榜首。

其他心理学家难以企及的一点是：斯金纳的研究从动物行为起步，一直拓展到文化设计、社会改造，从理论基础到实际应用都有涉猎；而且他的研究以实证为基础，他亲自设计了许多实验装置，开拓了新的研究范式，向大众展现了新的心理学。除了是一名严肃的心理学家，斯金纳也很擅长进行自我宣传。他上电视、写小说，一直在媒体中保持热度，获得人们关注的同时，也引发了争议。比如，斯金纳第一次上电视时就引出了蒙田的那个问题:“如果在烧掉自己孩子还是自己的书籍之间做出选择的话，我愿意先烧掉自己的孩子。”结果舆论一片哗然：“心理学家要烧孩子啦！”斯金纳既博了眼球，又宣传了他的思想与著述。

那么，斯金纳究竟有哪些改变行为的秘诀呢？

与罗杰斯“约架”

斯金纳在学术上有一个“死对头”，他就是卡尔·罗杰斯（Carl Rogers）。两人都是心理学界的“大V”，生活在同一个时代，不过观点完全不一样，所以很多人都期待他俩“约架”。这也是大众喜闻乐见的事。

为了满足心理学家的粉丝们的心愿，1956年，美国心理学会在年会上安排了斯金纳和罗杰斯进行辩论。大家都希望两个人“开撕”，结果在这场历史性辩论中，两个人“君子和而不同”，并没有脸红脖子粗地大吵一架，而是各自表明了自己的立场，展现了自己的风采，强调了自己的学说，并且都把对方看作是值得尊重的对手。斯金纳认为，除了罗杰斯，他找不出第二个令他尊敬、既支持又反对的人。

虽然斯金纳和罗杰斯没有“撕”起来，也都收获了众多粉丝，但粉丝都希望“自家偶像”能占上风，于是美国心理学会又安排两个人在另外的场合进行了一次辩论，实质上还是希望双方“开撕”。在这次辩论中，斯金纳讲了一个段子，调侃了罗杰斯：

“罗杰斯平时不怎么热衷打野鸭，但是有一次，有人拉他一起去打野鸭。他和一些朋友在黎明时分来到了一处隐蔽的地方。天气很阴冷，野鸭却迟迟不出现。如果再晚一点，就过了适合射击的时间了。直到最后，一只野鸭飞了过来，朋友让罗杰斯射击，他照做了。同一时间，在几百码开外的岸边，另一个人也朝这只野鸭开了枪。野鸭‘啪’地落在地上。罗杰斯从埋伏的地方走出来，向野鸭走去。另一个人也从埋伏的地方走出来，向同一只野鸭走去。他们同时赶到。罗杰斯转向那个人，说：‘你觉得这是你的野鸭。’（大笑）我之所以想起了这个故事，是因为最后罗杰斯把野鸭带回了家。（笑）我要尽我最大的努力避免类似的情况在我身上发生。(笑)”

斯金纳的笑话属于心理学业内的段子，你可能听不出笑点，这很正常，就好比网上流行的程序员段子，外行人士听起来可能费劲。我略做解释：

斯金纳假想罗杰斯说，“你觉得这是你的野鸭”，说的其实是罗杰斯在心理咨询中常用的方法，即共情理解，也就是表明自己对对方的想法感同身受。有意思的是，罗杰斯也是这么想的，是一种双关的表述。

斯金纳接着说，最后“罗杰斯把野鸭带回了家”，说的其实是在罗杰斯的疗法中，本来应该以当事人为中心，倡导助人自助；但故事中的罗杰斯暗藏私心，影响了对方，自己获得了最终的利益，在表述上就造成了矛盾和冲突。

最后，斯金纳表示要尽最大的努力避免类似的情况发生在自己身上，他表面上说的是不能让罗杰斯夺走野鸭，实际上是向大家说明，他不同意罗杰斯的人本主义观点，他有自己的主张；但由于罗杰斯那套共情理解的心理咨询技能太强大了，他自己得注意，不能让罗杰斯把自己带偏。

段子一拆解，就没多大意思了，但段子中隐含的不同心理学理念之争的确是真实存在的。

斯金纳主张的行为主义与罗杰斯主张的人本主义的最大分歧在于对行为原因的解释。行为主义理论认为，环境等客观因素决定了人的行为；而人本主义理论则认为，人的内在心理过程等主观因素决定了人的行为。

举个例子，就你买本书的原因来说，罗杰斯会认为是你自己感兴趣，你的价值观决定了你的学习热情，你本身就对心理学感兴趣。斯金纳则会认为，你对心理学的兴趣不是与生俱来的，而是源于过去的某种外界因素与经历，比如以前研习过某些心理学课程，想进一步了解；又或者是你的某个原来很开朗的好朋友不知怎么就抑郁了，你想要更多地了解其中的原因。

行为强化与塑造

斯金纳的研究是在巴甫洛夫和华生这两位行为主义开山鼻祖的研究基础上展开的，他继承了两人的思想并将其发扬光大。和华生一样，斯金纳也主张不搞意识、心理等说不清道不明、玄而又玄的概念，而应该研究行为。那么人的行为究竟是从哪里来的呢？

斯金纳设计了以他的姓氏命名的装置——“斯金纳箱”，并用它来展开研究。在这个装置中，有一只老鼠，如果它偶然间按下一个按钮，就会出现一粒食丸。有吃的，老鼠当然高兴，于是不停地按，不停地吃，后来它“学会”了这一招，只要把它放进斯金纳箱，它就去按按钮。

据此，斯金纳提出了有机体行为形成的操作性条件反射理论。他认为，对人的行为起作用的有以下 3 种因素：遗传因素、环境刺激和行为结果刺激。在刚才提到的实验中，老鼠天生会动，属于遗传因素；装置中有按钮，属于环境刺激；按按钮后出食丸，这属于行为结果刺激。行为结果刺激既可能促使行为重复发生，也可能导致行为减少或停止，这就是强化作用。

斯金纳认为，人的一切行为都是强化作用的结果。什么意思呢？通俗点说，对于一种自发的行为，给它“好处”，就会增加其发生的概率；不给“好处”，就会降低其发生的概率。所以，无论是“好”的行为还是“坏”的行为，它们能形成，都是因为得到了某种“好处”。

我们用一个例子来说明，比如为什么全世界的婴儿都最先叫“妈妈”（ma ma）？

原因之一是，“妈妈”这个词是由辅音 m 和元音 a 组成的，它们对婴儿来说最容易发出来；此外，更重要的是，当婴儿无意识地喃喃自语，无意中将 m 与 a 拼在一起，发出“妈”的音后，婴儿的妈妈会非常激动，她会欢喜地抱起婴儿亲了又亲。婴儿一开始其实是没有多大感觉的，更多的是感觉莫名其妙：为什么这个人会如此激动？几次之后，婴儿逐渐意识到，只要一发出“妈”的音，这个人就会满足自己的需求；于是当他有需求的时候，就会发出“妈妈”的声音。后来，婴儿又发现，只有自己面对这个人的时候，“妈妈”的声音才更起作用。最后，婴儿一见到她，就叫“妈妈”了。所以，从这个意义上说，孩子叫“妈妈”其实起源于亲子间的“误会”。

用斯金纳的理论来说，孩子最后都叫自己的母亲“妈妈”，是因为叫“妈妈”让他们得到了好处。所以，这种行为会被不断强化，最后形成了特定的行为模式。

当然，有人可能会问：“为什么婴儿最先叫的不是‘爸爸’？我家孩子最先叫的就是‘爸爸’。‘爸’这个字的发音也很好发啊。”这是从成年人的角度来说的。从技术上讲，b 属于塞音，要求发音时突然爆破，比较难发；而发 m 时会闭合口腔，让气流从鼻腔流出即可，相对简单。从研究上讲，有心理学者专门观察过，最后确认婴儿最先叫的是“妈妈”。

当然，孩子最早发出“妈妈”的声音还有一个条件，就是得有一位关心孩子、照顾孩子的妈妈，如果孩子不是由妈妈亲自照顾，孩子叫“妈妈”时没有得到任何“好处”，也就是未及时得到强化，那么孩子叫“妈妈”的这一行为就会延后。因此，先叫“爸爸”的孩子通常是因为他们都有一个敏感且善于照顾自己的爸爸，甚至比妈妈还心细。叫“爸爸”这一行为被强化得早且及时，所以孩子先叫“爸爸”了。

好的行为得到“好处”，该行为得以增强；反之，一些孩子之所以养成坏的行为习惯，是因为他们的坏行为得到了某种“好处”。比如我们常常会在大型超市中见到在地上打滚的孩子，孩子的妈妈满脸窘迫。孩子为什么会打滚，他不知道地上凉、地上脏吗？他当然知道。那打滚有什么好处呢？因为上次他打滚，妈妈满足了他的需求，给他买了他想要的玩具。所以这次来超市，妈妈不给买他要的东西，便故技重演，又开始撒泼打滚了。

再比如，一些互联网公司鼓励员工自愿加班，因为强制加班不得民心，所以各企业便“各显神通”：五点半准时下班，公司安排车送到地铁口；六点半下班，安排公司大巴送回家；晚上 8 点下班，公司提供免费的自助餐；晚上 10 点之后下班，可以报销打车费……不强制加班，但加班给的各种“好处”又让员工不得不加班。

无论对幼儿还是学生，又或是员工来说，原理都是一样的：要想培养某种行为，需要在该行为出现时给予各种“好处”；而要想减少某种行为，就需要在该行为出现时减少各种“好处”，甚至给予惩戒。

就这样，斯金纳找到了行为塑造的秘密：通过适当的强化可以塑造个体的行为。斯金纳也亲自操刀，来展现这一理念的应用。他曾成功地教会鸽子打乒乓球、弹玩具钢琴，甚至教鸽子对导弹进行制导。同样，他的理论也能应用于人类，如教育教学、行为塑造与行为纠正。此外，他还希望将自己的理论应用于组织构建与社会改造。

文化设计与控制

斯金纳从研究老鼠出发，最终对人类行为进行了预测和控制，以期通过行为科学解决各种组织与社会问题。

斯金纳认为，有机体的行为是经过 3 种不同的“变异—选择”而形成的：第一种是达尔文所说的“自然选择”，它促成了各种动物的不同行为；第二种是行为分析所说的“强化”，它促成了我们在日常生活中见到的富有可塑性、极富变化特征的行为；第三种是文化演变中留传下来的“社会环境”，它促使各种不同的文化鼓励不同的行为模式。斯金纳的研究对象从最初的“自然选择”行为扩展到人类的“强化”行为，再扩展到“社会环境”行为。

行为控制可以分为个体控制和群体控制。

个体控制取决于个体自身具有的条件和掌握的技巧。“强者诉诸武力，富有者借助金钱，美女运用美色，懦弱者依靠谄媚，悍妇使用令人厌恶的刺激……以此来达到控制的目的。”相较于群体控制，个体控制的力度较弱。可供选择的手段包括操控外在刺激、利用强化、实施厌恶与惩罚、剥夺与餍足等。

群体控制可选择的手段更多，包括政府和法律、宗教、经济、教育、心理疗法等。斯金纳还提出了“文化设计”的概念，这也是控制人类行为的一种大胆设想。

斯金纳相信，他的强化理论在文化环境中也适用，并且认为，文化本身就是强化情境：文化鼓励一些行为，而排斥另一些行为。比如，在中国文化中，女人哭显得楚楚动人，大众是认可的；而男人哭则显得婆婆妈妈，会受人鄙夷。儿童诞生于某种文化中，就像一个有机体被放置于某个实验场所中；设计一种文化就像设计一个实验场景，需要通过各种列联表[①]记录其效果。如果人们能像做实验那样设计社会文化环境，就能产生某种预期效果。斯金纳将这种以操作强化的行为原理来进行文化设计的方式称为“行为工程”。一个组织通过文化设计的行为工程，就能影响和控制组织成员的行为；一个社会通过文化设计的行为工程，就能影响和控制社会成员的行为。

从根本上说，斯金纳是一个强调顶层设计的人。他设计了研究老鼠的“斯金纳箱”、保育女儿的“育儿箱”、教学机器以及社会组织的控制模式，他甚至根据自己的理

① 描述变量之间相互关系的一种频数表。——编者注

论写了一本小说，叫《瓦尔登湖第二》(*Walden Two*)，描绘了一个按照他的理论构建的和谐社会。后来，他的"铁杆粉丝"竟然真的在弗吉尼亚州组建了"双橡树公社"(Twin Oaks)，这家公社现在还在。不过，当下的社会形态已经和斯金纳当初的设计有很大的不同了。

有意思的是，斯金纳本人认为，他在文化设计中畅想的社会更有可能在中国实现。晚年的时候，斯金纳一直关注中国的发展，想来中国看看，但一直未能成行，成了一件憾事。假如他真的来了，他会不会因此改变和修正自己的观点呢？

自由和尊严去哪儿了

社会通过顶层设计来实现和谐有其可取之处，但必然会带来一个问题：个人的自由和尊严去哪儿了？在一个理想的社会中，人应该是独立自主的，人可以通过意识自由地控制自己的行为。

对此，斯金纳早有准备，他旗帜鲜明地表示，"自由意志""选择自由"之类的说法都是鬼扯。

人的绝对自由是不存在的，任何人无时无刻不处于环境的控制之中，人的行为都要受到各种刺激的制约，也会受到各种行为后果的影响。用斯金纳的话来讲就是，人的行为都依赖一定的环境刺激和强化作用，都处于一定的客观依存关系之中。我们通常所说的自由不过是摆脱了有害或不利控制，并非摆脱了一切控制。因此，问题的关键在于，人类应该如何避免和改变环境中对自己不利的控制因素，促进和完善有益控制。

同样，人也没有绝对的尊严。人认为有至高无上的尊严，是因为人自以为人类文明的一切成就皆出自人的自由意志，是人自身创造的结果。但事实上，由于人并非自由，人的所做所为不过是环境中各种客观依存关系的作用所致，因此人的绝对尊严是不存在的。人的尊严感都产生于他人对自己的褒奖。

总之，从遗传方面讲，人会受文化演变和生物进化的限制；从强化作用方面来讲，人的行为都是被动的。因此，人拥有绝对的自由和尊严的说法是站不住脚的。传统的人文研究把人当成神，以主观感受来判断价值，掩盖了人类行为的真正原因，阻碍了人们对人类行为进行客观的科学分析，因此成了人类进步与发展的障碍。

这么说好像有道理，不过，一些人仍然担心，罗杰斯就说，斯金纳“严重低估了权力问题。行为科学使得一些人可以对另一些人进行操控，有人希望科学家们或某个善意的集团能够成为这样的操控者。但我认为，久远和不久前的历史都不支持这样的愿望……如果行为科学家只关心将他们的科学推而广之，很有可能他们会为任何当权的个人或集团效力，而不管权力掌握在谁的手中”。确实，假如行为科学被独裁者或阴谋家利用了，那该怎么办呢？

斯金纳对此的解释是，行为技术是中性的，既可以被恶棍利用，也可以为圣人采用。这样，在文化设计过程中就会产生控制者与被控制者之间的关系问题。斯金纳对文化设计者的要求是他们必须考虑到两点：一是安排有效的反控制，使控制与反控制之间保持平衡；二是使控制者也成为其所控制的群体中的一员，即控制者也是被控制者。只有这样，我们才能避免控制者滥用控制权。

斯金纳，就像他的英文姓氏展现的那样[①]，剥开了传统人文研究给人制造的美好想象的画皮，揭露了人的自由

① Skinner，skin（皮肤）这个单词加er，有“剥皮者”的含义。——编者注

与自尊的实质。纵然让人不舒服，但我们不得不服。

不过，斯金纳构想的新社会有些理想化和简单化，现实生活比他设想的要复杂得多。还记得前文说的婴儿叫“妈妈”的例子吗？在解释婴儿为什么叫“妈妈”的例子中，利用斯金纳的行为主义理论得心应手，但养过孩子的都知道，婴儿说话不是一句一句学的，终究会有一天，他们好像突然开悟了，一下子进步许多，这显然不是逐渐强化的结果，其实是人内在的语言结构被唤醒了。提出这一观点的是当时还年轻的一位心理学家，他就是后来为人们熟知的语言学大师诺姆·乔姆斯基（Noam Chomsky），乔姆斯基的声名鹊起也意味着斯金纳的影响进入尾声。

斯金纳是一个长寿的人（1990 年去世，享年 86 岁），目睹了新行为主义的兴起、繁盛、纷争，直至最后的衰落，但他自己却始终坚持行为主义的理念。从哈佛大学退休后，斯金纳退而不休，每天还会去办公室，回个信，见个粉丝，写点自传……他还有个爱好——统计自己文章的引用率。1989 年，他开心地宣布：“我的引用率第一次超过了弗洛伊德。”

05

为什么很多心理测验给人的感觉很准

自我测试 · 高尔顿

颅相学在心理学发展史上曾经是一门显学。根据这门所谓的科学，当时的人们通过观察一个人的颅骨某一部分的长势来判断其心理特征。这门新的“心理科学”的研究者约翰 · 施普尔茨海姆（Johann Spurzheim）曾受邀出席哈佛大学与耶鲁大学的毕业典礼，并在一些医院和大学进行了多场演讲，大受欢迎，粉丝众多。同时，一些文学作品中也充斥着基于颅相学的描述。例如，夏洛蒂 · 勃朗特（Charlotte Brontë）作品中的男主角常常是大脑袋、高额头的聪明人，而反派则尖脑袋、小眼睛。阿瑟 · 柯南道尔（Arthur Conan Doyle）塑造的福尔摩斯也是根据大号帽子推断出帽子的主人有着高智商。

除了对文学作品的影响，颅相学也影响了一些人的实际生活，比如达尔文。当年，达尔文登船开启进化论发现之旅的时候，船长死活不让他上船，因为根据颅相学，达尔文鼻子太大，说明他决心不大，人不靠谱。当然，后来他软磨硬泡还是上了船，不然我们今天就不知道进化论了。

那么，颅相学为什么会让人感觉准？当下的心理测验受欢迎与颅相学有关吗？

达尔文和他的表弟

其实，心理测验与颅相学还真有关系。

首先，颅相学当年就是在学院内进行研究的，换句话说，当年，有一些心理学家真的认为人的外部形象与智力、性格之间有关联。比如，研究脑科学的皮埃尔·保罗·布罗卡（Pierre Paul Broca）认为，男人在一些测验上的表现比女人要好，是因为男人的脑袋比女人的脑袋大；德国的精神病医生恩斯特·克雷奇默（Ernst Kretschmer）则将体形与性格心理联系起来，他认为矮胖型的人外向，容易暴躁；瘦长型的人内向，容易精神分裂；强壮型的人容易冲动；等等。所以，前文提到的那位船长通过外貌来判断达尔文靠不住，在当时也算是有一定专业依据的。

其次，在心理学领域，最早搞心理测验的就是达尔文的亲表弟：弗朗西斯·高尔顿（Francis Galton）爵士。

高尔顿何许人也？说起来，他的身份比较复杂。除了是一位心理学家，他还是人类学家、优生学家、热带探险家、地理学家、发明家、气象学家、统计学家和遗传学家。总之，高尔顿是一个典型的“斜杠青年”。

对于高尔顿，可以用两个词来概括：天才和贵族。

高尔顿 3 岁识文断字，5 岁阅读英文文献，7 岁就开始读莎士比亚的作品了。后来，有心理学者推测高尔顿的智商应该达到了 200。什么概念呢？一会儿再解释，反正就是很牛了。

此外，高尔顿年纪轻轻就继承了巨额财产，大学没毕业已经实现财务自由了。而且，高尔顿爱好什么、研究什么，没人管，他家里就有图书馆，里面的书都是作者们自己送过去的。

说起高尔顿搞测量，原因也很有意思。本来，对于一个没有人拿到过大学学位的贵族家庭来说，家里出了个天才儿童，自然会成为“全家人的希望”。高尔顿的父亲希望他能成为一个有学问的人，光宗耀祖。不过，高尔顿在大学念得并不顺畅，由于竞争激烈，他的学业和身体状况都表现一般，后来不得已退学。之后，他遇到了一位颅相学家，这位颅相学家跟他说：“你这头型啊，不适合搞学术，还是去外边转转吧。”

对有钱人来说，转转肯定不是去什么郊区公园，当然要找“诗和远方”，高尔顿去了非洲旅行。“聪明的大脑”闲得难受，旅行途中，他竟然绘制出了纳米比亚地区的第一幅地图，被英国皇家地理学会授予最高勋章；之后他又出版了关于旅游探险的专著，成了一位公认的野外旅行专家。他也找到了自己的终身爱好：测量。

高尔顿先是测地理，由于成果突出，35 岁当选英国皇家地理学会主席；然后测天气，他发明了气象图，成为气象学家；接着测公众对科学讲座的厌倦程度；测宗教祈祷的作用，结果发现无效；测英国哪里的女人最美丽，画了“大不列颠美女分布图”……

最后，当高尔顿得知表哥达尔文在进化论中提出了个体差异的问题时，他的兴趣转向了心理品质测量，即如果人与人之间存在个体差异，那么我们就应该对这种差异进行测量并记录和分析。这最终成了高尔顿的毕生使命，心理学的心理测量研究也由此开启。

科学心理测验的 30 年

高尔顿的 10 年

高尔顿首先希望开展的是智力测验。他认为，一个人的智力取决于感觉的敏锐程度，因为人类只能通过感觉认识世界。因此，一个人的感觉越敏锐，就可以推测他越聪明。

因此，高尔顿创建了一间“人类测量实验室”，目标是测量智力。那么，该怎么测呢？作为一个有钱人，想到什么就测什么吧。所以在实验室里，高尔顿对他能想到的各种指标都进行了测量，包括头颅大小、两臂伸展长度、站高、坐高、中指长度、体重、手握力、肺活量、视敏度、听敏度等。他一共测量了近万人，收集了大量数据。高尔顿的测量工作涉及一些他认为反映感觉敏锐程度的内容，也就是他认为的智力的内容。这些工作是智力测验的开端，也是心理测验运动的起始。

另外，由于高尔顿认为智力源于感觉，而感觉则源于遗传，那这么说来，智力就是遗传的啊！所以，高尔顿研究了法官、政治家、文学家等各个领域的名家，并拿他们与普通人做比较，结果发现，“龙生龙，凤生凤，老鼠儿子会打洞”，杰出的人的后代确实更有可能杰出。当然，有人提出质疑：这些杰出人物的家庭环境不一样啊，智商高的人往往生活条件好，能养育好宝宝啊！

确实存在这个问题，后来，高尔顿就展开双生子研究，也就是对双胞胎进行研究。同卵双胞胎的遗传是一样的，如果分开养育，那么他们的生活环境就不一样了。高尔顿经过研究发现，即使是分开养育，同卵双胞胎也彼此相似；而对于异卵双胞胎，即使一起长大，彼此也不相同。因此，遗传的作用是非常大的，正如斯坦利·霍尔（Stanley Hall）所说：“一两的遗传胜过一吨的教育。”

既然智力是遗传的，那么为了人类的未来，应该鼓励聪明人结婚，限制不聪明的人啊！所以高尔顿提出了“优生学”，建议政府推出政策，要求夫妻以科学的方式配对，政府给予他们金钱鼓励，并支付他们下一代的费用，等等。对于这件事，学术上有基础，结论上很悲观，政策建议上可以说是非常“政治不正确”。

高尔顿可以称得上是心理学历史上的“首创之王”，他开创的研究包括天赋与教养研究、双生子研究、词汇联想测验、问卷研究、表象研究、相关的统计技术研究等，当然也包括我们今天说的智力测验。说到智力测验，高尔顿的观点在今天看来是有一些问题的。比如，他的智力测验中包括听觉、视觉等多种感觉的测量，心理学家罗伯特·斯滕伯格（Robert Sternberg）就曾调侃道：“如果听觉测验也可以用来测定智力的话，那家里养的猫要比我们聪明多了。”

虽然高尔顿开启了心理测验的大门，但他的工作不代表心理测验的终点。有人总结了心理测验先驱的工作，并认为，就心理测验而言，前 30 年可以分成以下 3 个阶段：19 世纪 80 年代是高尔顿的 10 年，19 世纪 90 年代是詹姆斯·麦基恩·卡特尔（James McKeen Cattell）的 10 年，20 世纪前 10 年则是阿尔弗雷德·比内（Alfred Binet）的 10 年。

高尔顿的故事与理论说完了，接下来我们来说一说卡特尔和比内。

高尔顿之后的智力测验

卡特尔是美国人，本来是“心理学之父”威廉·冯特（Wilhelm Wundt）的学生。冯老先生正统的心理学研究的是人的一般规律，对个体差异不感兴趣。但卡特尔学成之后，对当时高尔顿的“偏门”研究——人的个体差异产生了兴趣。他先是与高尔顿通信，后来觉得不过瘾，又申请了剑桥大学两年研究员的职位，之后到欧洲专门向高尔顿学习。卡特尔很崇拜高尔顿，继承了他的测量思想与学术观念并将其发扬光大，之后带到了美国。

在测量方面，卡特尔整理并开发了一些测验，正式提出了“心理测验”这一专业术语，并在大学生入校时对其进行智力测验。与此同时，卡特尔也继承了优生学的思想，他自称“高尔顿的门徒”，也提出应该鼓励优秀人才相互结合，并且多生多养，为人类做贡献。他自己以身示范，带头生了 7 个孩子，而且他鼓励自己的孩子，找对象要找聪明人：如果到时候自己的孩子能与大学教授的子女结婚的话，他答应会给他们每人 1 000 美元作为奖励。

比内是法国心理学家，他原来是研究催眠的，曾声称通过磁力在人体不同部位的移动，可以控制被催眠者的症状和感觉，但后来的研究证明，他的研究错了，磁力没那么神奇，在催眠中起作用的只是暗示而已。这种挫败的经历让比内感觉很郁闷，他便开始寻找新的学术突破口，结果想到了智力测验。

不过，比内和高尔顿以及卡特尔不同，他认为后两人在智力测验中过于强调感觉过程了，对高级心理过程重视不够，即不应该测量感觉敏锐程度，而是直接测认知能力；而且还要研究智力是如何随年龄发展的。所以，比内和自己的助手西奥多·西蒙（Théodore Simon）一起，编制了一套能够区分智力正常儿童与智力低下儿童的测验，并在 1905 年编制了比内－西蒙智力测验量表。这个量表一直沿用至今。

我们现在所说的“智商”，就是从这个量表的测量应用中引申出来的一种概念。什么意思呢？很简单，比内－西蒙智力测验量表针对不同年龄阶段的孩子有不同的测试题。例如，如果一个 7 岁的孩子把 7 岁这一年龄阶段的题目都做对了，那么他的智商就是 7 除以 7 再乘以 100，结果为 100，即智商为 100，属于智力正常。而如果一个7岁的孩子只做出了5岁这一年龄阶段的题目，那么他的智商就是5除以7再乘以100，结果约为71，即智商为71，属于低智商。至于高尔顿智商为200，说明他超出同龄人太多了，所以称他为天才就不足为奇了。

心理测验的应用与滥用

高尔顿、卡特尔和比内相继开发出了智力测验的工具，后来，其他心理学家继续努力，不仅测智力，还测人格、人际关系、心理健康……心理测验逐渐成了心理学应用领域的一个重要突破口。尤其在美国，它得到了广泛的应用：军人参军要测验；学生入学要测验；甚至外国人移民美国也要测验。当年的新移民在纽约上岸之后，会立即接受智力测验：不合格的会被原路遣返，美国只接收聪明人，不聪明的也不接纳。

就这样，心理测验逐渐从一门学问发展成为一项事业，最后演变成了一桩生意。

想当年，高尔顿在他的人类测量实验室，每测1个人，给3便士——不是被测量的人给钱，而是高尔顿给钱。然而，比内之后，人们想测量自己的智力如何，则是要花钱的。正因为心理测验与专业、经验、金钱都有关，普通人本能地想更多地了解自己，因此心理测验有很大的市场。

而当测量和生意结合在一起的时候，问题就来了。所以，对于当下国内的心理测验现状，一言以蔽之：繁荣且混乱。那么，怎么样才能接受到靠谱的心理测验呢？

如何看待网上的心理测验

好的测验什么样

现在，无论线上还是线下，各种各样的心理测验进入了人们的生活。“你猜猜我在想什么？”“你告诉我，我是一个什么样的人？”由于人们对自我认识的渴望，使得许多测验受到了追捧。那么，这些测验靠谱吗？专业的好的测验是什么样的呢？

从心理学专业的角度来说，对心理测验进行评价，至少要考虑以下几个指标。

一是信度。信度考察的是测量的稳定性。假如你进行某种测验，今天的测验结果说你是一个内向的人，明天的测验结果又说你是个外向的人，那么这种测验就是信度不好，不是好的测验。

二是效度。效度考察的是测验是否测出了人们想要的内容。比如你进行某种智商测验，它以脑袋大小为指标，今天测的结果和明天测的结果相同，说明它的信度很好，但测脑袋大小反映不了你的智商高低，这就是效度不好——测量脑袋大小没有测出你想要的东西。

三是常模。常模是测验测得的一般人心理状况的数据。在智力测验以及重要的人格测验、心理健康测验中，都会提供常模。一个人聪明不聪明，变态不变态，都是和其他人进行比较后得出的结果。用单一的数据就说一个人智商高低、抑郁或焦虑程度如何，都是无稽之谈。好的测验都会提供常模数据，供测试者比较，从而得出结果。

四是标准化。测验的产生往往都有业界公认的标准流程，比如依据什么样的理念、选择什么样的题目、如何测量、谁来测试、谁来解释、怎么解释……在专业测验的生成和使用过程中，以上这一系列问题都要考虑到，并且是经过标准化的，就像进行专业的 ISO900 认证一样。

网上测验靠谱吗

按上面的标准，一检验我们就会发现，网上的绝大多数测验，一没信度，二没效度，一般也没有常模，从哪里来的也说不清，因此我们可以做出判断：不靠谱。其实，那些测验纯粹主要是为了娱乐而已。

有一类测验需要说一下，就是投射测验，在网上是最热门的测验。其中的原理是，人内心最深处的人格动机往往会对外投射到一些模糊的情境中。所以，心理学家也设计了一些类似的情境供大家测试，如通过墨迹图形[①]的反应来测试人的人格；通过房树人[②]的绘画来测心理健康状况；通过讲故事来测试人的动机；等等。这些测验很有趣味性，信度和效度指标也有，也经过了标准化，如果让一位受过训练的专家来实测和解释，既有趣又有用，还能让人有所收益。

还有一些类似的测验，虽然也采用了这种形式，但并不科学，主要是为了博人一笑。比如，“现在你连续想 3

① 即罗夏墨迹测验（Inkblot）。

② 即房树人测验（House-Tree-Person, HTP）。

个成语……想好了吗？刚才测试的是你的爱情观：第一个成语说的是你的初恋；第二个成语说的是你的热恋；第三个成语说的是你的婚姻。怎么样？准吗？”无论准不准，都不靠谱。记住了：凡是直接对你的心理品质做出判断，而不告诉你判断依据的投射测验，都不靠谱。比如刚才提到的这个测验，对方可能会说：“我只能告诉你成语预言了爱情，但为什么预言了，我解释不清。”这就说明它不靠谱。知其然，还要知其所以然，这是判断测验靠不靠谱的基本指标。

为什么感觉测得那么准

你可能会问了：“不对啊，既然不靠谱，为什么我在做网上的测验时感觉那么准呢？”然后，你可能会忙不迭地要举例子了。先别着急，我来告诉你为什么不靠谱的测验也会让你感觉那么准。

原因之一是巴纳姆效应，又称福勒效应、星相效应，它是一种心理学现象，最初是由心理学家伯特拉姆·福勒（Bertram Forer）在 1948 年通过试验证明得出。巴纳姆效应描述的是，当人们用一些含糊不清、含义广泛的形容词来描述一个人时，这个人往往很容易接受这种描述，并认为描述的就是自己。后来，心理学家保罗·米尔（Paul Meehl）为表示对美国“马戏之王”菲尼亚斯·泰勒·巴纳姆（Phineas Taylor Barnum）的敬意，将福勒的实验结果命名为“巴纳姆效应”。

原因之二是自我证实倾向。人在认知上，有一种寻找证据来肯定自己的倾向。无论什么样的测验，最终的解释会对你做出各种描述，有的正确，有的不正确。但让你记得住且令你印象深刻的描述，往往是说得正确的那些。这也是很多算命先生算得“准”的重要原因。例如，你去算命先生那里算命的时候，算命先生做出了很多关于你的判断，你记住的是他说得对的那些。而对于网上的那些测验，虽然不靠谱，但对你的心理把握是靠谱的，毕竟你自己会主动去寻找相关判断的证据。

所以提醒大家，由于巴纳姆效应和自我证实倾向的存在，当心里不痛快的时候，不要去网上找测验自我“诊断”，否则会做一种测验得一种病。相信我，没错的。

想认识自己，还是要线下找专业人士

既然这样，为什么现在网上的测验那么火呢？大家都傻吗？其实大家都不傻，只是人们追求自我认识、自我提高的动机太强烈了，尤其在自我认知有些迷惘的时候，因此求助各种测验就是很自然的选择了。说到这里，你应该清楚了，为什么做各种测验以青年人居多了吧，因为他们正处在一个自我定位不清的年纪。你什么时候看到老干部活动中心组织大家进行心理测验的？

那么，我们真的就不能通过网上的测验真正了解自己了吗？答案并不乐观。互联网鱼龙混杂，不是说没有正规的测验，但由于商业驱动等多种原因，除非是专业人士，否则还真难判断出网上测验的价值几何。如果你是为了娱乐，在网上找点感兴趣的测验做一做没问题；但如果你真的想通过测验了解自己，甚至对自己的心理问题做出诊断，还是谨慎为好，最好线下找专业人士做测验，这样更靠谱。

前面谈到了高尔顿，有些人或许会质疑：智商真的是天生的吗？遗传的作用能有多大？举一个例子来说，在高尔顿及其后来的遗传和环境作用的研究中，常常进行双生子研究，史上最有名的双胞胎是“吉姆兄弟”，他们幼年分开，成年再聚。研究发现：他们俩习性相似，抽烟、喝酒的方式一样，讨的第一个老婆都叫“琳达”，之后都离婚再娶，第二个老婆都叫“贝蒂”，都给儿子取名字叫“詹姆斯·艾伦”，都养了条狗，取名都叫“特洛伊”……别总抱怨社会了，遗传的作用比你想象的大，个体努力的空间都有限。

你有没有发现，读书以来，老师们很少谈遗传的影响，都在强调后天的努力。这是为什么呢？原因很简单，如果老师都不坚信环境决定论，都不相信可以改变一个人，那教育工作不就没意义了吗？所以，作为老师，我们自然反对高尔顿，我们是天生的环境决定论者。这样，人生才有更多希望。希望你也如此。

06

我们什么时候需要去做心理咨询

心理咨询与治疗 · 荣格

很多关注心理学的人最感兴趣的问题可能就是心理咨询了，但很多人在实际的操作过程中都遇到了问题。比如：“我最近压力大，有点困惑，需要去做心理咨询吗？做心理咨询是不是就等于承认自己有病了？”等到终于决定要去做心理咨询了又会问：“我该去哪儿找靠谱的心理咨询师呢？”

提到心理咨询，大部分人第一个想到的可能是弗洛伊德，第二个就是卡尔・荣格。我们在第 1 讲已经“请”出了弗洛伊德，这一讲我想谈谈荣格。荣格是分析心理学的创立者，继弗洛伊德之后新精神分析学派的代表人物，也是当下中国心理咨询界比较喜欢的一个人物。荣格本人对道教、《易经》等中国文化十会感兴趣，他的一些观念和理论也与中国文化有一些联系。因此，许多国人热情地将荣格的著作以及后来发展的沙盘游戏、曼陀罗绘画等心理咨询技术引入了国内。

透过荣格看心理治疗

谈荣格离不开弗洛伊德。本来，荣格是弗洛伊德指定的精神分析"王储"，应该是精神分析新一代的领导核心，但俗话说"吾爱吾师，吾更爱真理"，荣格在一些观念上与弗洛伊德实在谈不拢，再加上一些个人恩怨，两个人最终彻底断绝了联系，分道扬镳。

和弗洛伊德闹掰了之后，荣格众叛亲离，整个人心态不稳，精神也出现了问题，一度备受幻觉折磨而濒临崩溃。要知道，幻觉体验是听到了、看到了本来不存在的东西，在现在的医学界看来，这是判断精神分裂的一个重要指标。也就是说，荣格那时候其实进入了精神分裂状态。不过，大师就是大师，在这种状态下，荣格不打针、不吃药，开始玩游戏了。

荣格玩的当然不是 iPad，而是他小时候玩过的搭建游戏，他很爱玩，所以在玩的过程中，他的想象连绵不断地涌现出来。一段时间之后，荣格发现，当他设法把情感转化成意象的时候，他的内心就会感到平静和安宁。既然如此，那就主动点想呗。就这样，荣格的代表性心理治疗手段——积极想象诞生了。

荣格是这样描述积极想象的：

> 从任一意象作为起点，全神贯注于此意象，密切观察这个意象如何展开，如何变化。不要试图去改变它，以‘无为’的态度观其自发变化即可。依照此种方式贯注于任何心理意象，最终都会发生一些变化。你一定要耐心行事，不要忽然从一个主题跳至另一主题。紧紧抓住你所选取的一个意象并等到它自发变化为止。记下这些所有的变化，让自己融入意象的发展变化之中，如果这个意象可以说话，那么就对它诉说你的心声，并倾听它的回应。

简单解释一下，荣格倡导的是，当一个人为某件事感到情绪不稳、揪心难受的时候，可以把注意力集中在一个意象上，它可以是一张照片、一个声音、一幅画或其他物体，使它变得鲜活起来，然后再直面它，与它对话，并进行反思，最终达到心灵的宁静。在荣格的概念中，积极想象不是我们所说的“想点积极的事”或“心态阳光一点”之类的，而是主动调用心理能量，将情绪赋予意象，它更多的是强调主动并积极地动用自己意识的力量，来展开和无意识的对话。

情绪意象化以后，会形成一种什么样的意象呢？没有方向的胡思乱想可不行。荣格本人及其后继者由此引出了一系列的心理疗法：可以是画一幅画，曼陀罗绘画疗法由此而来；也可以是在沙堆上玩搭建，流行于国内的沙盘游戏疗法便接踵而至；甚至可以是黏土塑形、跳舞、写作，等等。借助一些表达性媒介，后来有人发展出一些充满意象标记的心理疗法，这些心理疗法都与荣格最初的积极想象有关。

从荣格的理论发展而来的曼陀罗绘画，就是当下流行的一种典型的艺术治疗手段。通过观察个体自由绘制的一些抽象的圆形图案，即曼陀罗，便可以探查其无意识的心理活动。荣格认为，这种艺术表现形式是一种自我治疗作业，它不仅可以唤醒人们无意识中的沉睡原型，也有助于人们寻找内在喜悦、内在秩序和生命的意义。个体在绘画中积极想象，从而重新找回自我，完成自我疗愈和成长。

而基于荣格理论发展而来的沙盘游戏疗法，已成为国内心理疗法的“当红炸子鸡”，许多心理咨询师都在使用这种方法，许多机构，包括学校的咨询室也都配备了相关设备。在沙盘游戏疗法中，个体选择不同的沙具并随心安置在沙盘中，一个个沙具和一个个情景都成了富于象征意义的意象。个体可以通过沙盘游戏，主动地以某种恰当的象征性方式把无形的心理事实呈现出来，进而体验并领悟这些意象及其象征意义，实现对无意识乃至对整体心灵的沟通，从而获得治疗与治愈，实现创造与发展。

不过，使用积极想象以及相关咨询技术时，有以下两点要注意。

第一，荣格当初为了专心探讨自己的潜意识，有意识地记录了自己的幻觉状态，放任自己沉浸于幻觉，并积极诱发自己的幻觉，进行所谓的“与潜意识对话”，从而进行自我分析。对于这一点，大家一定不要学，荣格是大师，有“练过”，能自由地游走于正常意识与幻觉之间，一般没“练过”的人进入幻觉后很容易回不来，就成精神病了。为什么艺术家和精神病之间没有不可逾越的鸿沟？就是因为一些艺术家常常游走于自己的幻象世界，假如哪一天回不来了，就成精神病了。

第二，因为荣格是大师，所以他的心理治疗对象是社会成功人士，这些人成就显赫，社会生活令人艳羡，但对生活失去了热情，感觉空虚而无意义。所以，除了积极想象以外，荣格的治疗思想中也充斥着宗教、占星以及中国的禅宗和《易经》等内容，以此来帮助对方建构人生的价值与意义。

所以说，荣格的心理治疗理念和技术，既充满魅力，又暗含危险，一不小心可能会跑偏。

每一种心理疗法都有其适应证和适用人群。对一些有钱有时间又有文化的人来说，荣格的心理治疗理念和技术可能是适用的，但对一个没有文化的乡村老妪来说，农村"跳大神"的做法比精神分析可能更有用。因此，在心灵疗救过程中，不迷信某个人和某种疗法是非常必要的。

那么，在当今时代，我们应该接受什么样的治疗呢？到哪里去找靠谱的心理咨询师呢？在回答这些问题之前，我们先来解决一个普遍存在的问题：什么时候需要寻求心理咨询师的帮助？

学心理学的是不是都变态

从荣格本人的成长看，他简直就是“思想上的大师、生活中的奇葩”：小时候幻视、幻听，心情不好时常独自上阁楼和一个雕塑小人儿说话；曾患抑郁，长期处于“黑暗时期”；经常感觉自己穿越到了古代；把多个来访者变成情人，而且还带回家和妻子见面……

荣格似乎是大众心目中典型的心理学家形象。以心理学家的视角看世人，很多人都是有心理问题的；反之，以普通人的观点看心理学家，很多心理学家也是不正常的。很多心理学家做心理健康测试，应该也会有异常的结果。以普通人的视角来看这些心理学家，似乎也很有趣：弗洛伊德，把山川河岳都能看成生殖器，应该有性妄想吧；哈利·哈洛[1]，养只猴

---

① 哈利·哈洛通过以恒河猴实验为代表的一系列实验，颠覆性地提出“爱与依恋”对孩子成长的巨大作用，更多洞见可参考由湛庐策划、中国纺织出版社有限公司出版的《爱与依恋的力量》。——编者注

子吊起来，肯定是虐待小动物啊；华生，在实验中把孩子吓出了毛病，后来孩子见到圣诞老人都哭……

那么到底谁才是“变态”：是普通人，还是心理学家？在一些影视作品中，也很少见到正面的心理医生形象。《沉默的羔羊》中那个吃人的心理师汉拔尼的形象深入人心；在“春晚”上，一次是宋丹丹演一个陪人聊天的服务人员，自称psychologist（心理学家），而另一次赵本山更是以心理医生为职业来进行根本不符合心理辅导技术和原则的“话疗”。那么，心理学家为什么会给世人留下如此印象？为什么媒体对心理咨询师的印象如此不堪？

原因其实并不复杂，主要包括以下三方面。

第一，从本质上来讲，心理学的研究领域十分广阔。相对于其他专业，心理学业内人士表现出参差百态的面貌。有些人研究人的注意或记忆，他们的表现可能更像物理学家；有些人研究大脑的生理机制，他们可能更像生理学家；有些人研究心理学理论流派，他们可能更像历史学家；有些人研究人在不同文化下的心理特点，他们可能更像人类学家……对于心理学研究，可以从自然科学的角度进行，也可以利用社会科学的方法，这也是心理学的迷人之处。每个学心理学的人，无论他的个性和喜好如何，都可以在心理学研究领域中找到属于自己的位置。虽然也许没有人能说清心理学家究竟是什么样子，但在现实中，心理学家绝不只是如《沉默的羔羊》等影视作品表现的那种不正常的形象。

第二，任何行业都有其特性。对于心理学，公众虽然感兴趣，但所知不多；学科特性不透明，而且对于有些心理学研究，公众也不容易理解。因此，从整体上来说，心理学人在公众面前就自带神秘色彩。由于公众不了解心理学现状，经常接触的又是和心理咨询、精神疾患等有关的事件，所以在他们心中，心理医生是一种比较神秘的职业，并认为心理医生能够看透人心。这样一来，心理咨询师或心理医生既令人敬畏，又让人感到威胁，因为他们能看透你，而你却看不透他们。所以，一般人在心理上是不平衡的：我内心深处的弱点全让他们看出来了，而对于他们，我却什么也看不出来。

为了寻找一种心理平衡，人们就在影视作品中安排了很多失败的心理医生形象。这种形象削弱了心理医生的神秘感，满足了一般人的需求，即让一般人看到了心理医生不完美的一面。这其实也是为什么即使是西方那些心理学发达国家的影视作品，也会对心理医生充满误解。中国人更容易这样。从这个意义上来说，影视作品对心理医生的“戏谑”也是类似的心理。即使中国的心理学发展起来了，心理医生在影视作品中的形象也不会多么正面。

第三，因为心理学界有一些像荣格这样有着奇葩人生兼具伟大思想的人物，而且他们往往由于独特的贡献广为人知，所以公众对心理学人有些偏见和误解也就毫不奇怪了。

什么时候需要找咨询师

心理问题人人都有，许多人都有不顺心、不愉快，甚至彷徨苦闷的时候。那么，这时候需要向心理咨询师求助吗？对于这个问题，许多专业人士可能会从专业的角度回复：“任何时候去咨询都可以，就像每个人都需要一个家庭医生一样，最好每个人也都有一个专业的心理咨询师，以便随时可以得到心灵上的帮助。”

然而，如果让我从现实的角度来回答这一问题，我的答案是“不一定”。因为并不是所有的心理问题都需要进行专业的心理咨询。不妨做一个类比：你感冒了会去医院吗？去医院当然可以，让医生开点药或输点液，抑制感冒症状，这样可以快点好起来。不过我相信，许多人感冒后的第一选择不是去医院，而是清淡饮食，多喝水，睡上一大觉，等待身体自我康复，并不那么着急去医院。有这么一个笑话，一个过于注重身体的人划了点小伤，就急三火四地去医院，要求医生赶紧处理，医生则调侃道：“幸好你来得早，来得晚点，伤口都愈合了。”

因此，就如同感冒了不一定要急着去医院一样，心理有了困扰也不一定必须去找心理咨询师。比如，假如你被女朋友甩了，虽然内心苦闷，但你并不会立即去寻求专业的心理援助，而可能会找三五好友，喝喝唱唱，宣泄一下也就过去了，等过两天精神头上来了，可以去找新的女朋友了，这种情况下，当然没有必要去找专业的心理咨询师了。其实大部分人的大部分问题，找“张哥李姐”就可以解决了—— 一两个无话不谈的好朋友胜过一两个好的心理咨询师。

我们还用身体健康做类比：如果你不是普通感冒，而是重感冒，甚至已经是肺炎了，你还不去医院吗？这时候，去医院看病基本就是必然的选择了。心理问题也一样，到了一定的程度，就需要寻求专业的心理咨询师了。那么，“一定”程度到底是什么样的程度呢？

对于心理问题的诊断，不同的心理障碍、心理疾病有不同的专业指标，本讲无法一一展开。不过，我可以告诉大家一个大致的自我诊断标准：首先，自己在心理上真的很痛苦，并不是在无病呻吟；其次，也是最重要的一点，这种痛苦已经干扰到你正常的工作和生活了。比如我们刚才谈到的失恋，每个人失恋之后都会顿生烦恼，心情低落。这时候，一般人会寻求一些自助措施，比如转换一下注意力，或者和好朋友聊一聊，如果得到了缓解，就不用寻求心理咨询了。不过，如果失恋引发的情绪失调，“自助无法，求助无门”，始终无法得到缓解，而且已经导致你无法正常工作和学习了，这时候就需要寻找专业咨询了，哪怕要花些钱，也是应该的。

总之，当你的心理烦恼已经无法自愈，甚至影响了你的正常生活，那最好的解决办法就是寻找专业人士的帮助。

如何寻找靠谱的心理咨询师

那么，你适合什么样的心理疗法呢？每个人的选择都有所不同，这里就不再具体一一展开了。但我们可以换个角度，换种提问题的方式：在实际生活中，到哪里才能找到可以解决你自身状况的心理咨询师呢？

以下是我的个人建议。首先，如果你所在城市有高校，先预约高校的心理咨询中心。现在高校的心理咨询中心一般都有对外业务，但不开药。其次，你可以去三甲医院的心理科，医生一般会开药。最后，如果你不想吃药，可以找社会上的咨询机构，但这些机构鱼龙混杂，只能自求多福了……

如果你是中学生或大学生，可优先选择学校里的咨询中心，因为它是免费的，性价比最高，不妨充分利用起来。别让咨询老师闲着了，等你毕业离开学校再向他们咨询，到时候他们可就按小时收费了。

高校、医院、社会机构都有类似的心理咨询服务，为什么先去高校咨询中心呢？因为就这3种机构而言，高校心理咨询中心的水平虽然不一定是最高、最专业的，比如有时候给你做咨询的可能是一个经验并不丰富的硕士或博士（当然你也可以选择水平更高的教授，不过可能很难预约，价格也不低），但绝对不是最差的。原因如下：

- 在高校里做咨询的老师至少有研究生学历，起码也算相关的专业人士，虽然个别人的水平可能也一般；
- 高校咨询没有创收压力，不会乱要价；
- 高校里的心理咨询中心不会乱来，即使咨询出了问题，“跑了和尚跑不了庙”；而且学校从自身名誉考虑，也不允许他们乱来。

当然，医院心理科的咨询治疗都很专业，但一般来说，只要去医院，医生就会给开药，这既是医生解决问题的习惯性思路，也是药房经济压力的使然。假如你失恋了去寻求安慰，医生问了一系列症状之后开了百忧解，然后让你走，也很正常。所以你去医院咨询，医生谈话少、开药勤。并不是说吃药不好，该吃药的时候就吃药，但如果不吃药也能解决问题，还要去吃药，就没必要了。所以，高校心理咨询排第一。

再来说说社会机构的心理咨询情况。这些机构是市场化运作的，我个人认为，当前国内咨询水平最高的或许就在这些机构当中；但水平最差的，肯定也混迹其间。当下，国内的心理咨询市场并不规范，良莠不齐。如果你了解这些机构，那么问题不大；但如果你对市场化心理咨询机构一无所知，花费巨大却效果不彰，就得不偿失了，还是谨慎为好。

基于以上考量，对于心理求助，我的建议顺序是："街道大妈"——高校心理咨询中心——医院心理科——社会心理咨询机构。

最后说回荣格，虽然本讲说了一些荣格的"坏话"，但他能成为大师，绝非只是浪得虚名或"久病成良医"。荣格的咨询水平也是大师级的。当年，在美国，有一位富婆患有社交恐惧，万里迢迢来找荣格，咨询了一小时后，荣格对她说："这次结束了，等下周再约。"富婆问道："我这么远来了，一周才一小时，我平时干等着你啊？"荣格回复说："要不你买张火车票，围着阿尔卑斯山转转吧。"之后，这位富婆上了火车。由于她一个人闲得实在难受，便开始找人说话，结果社交恐惧消失了。

07

人类的终极问题“自由意志”真的存在吗

脑与意识·加扎尼加

白天，她情绪激动，表现暴躁，自称“老娘”；夜晚，她可爱善良，表现温顺，自称“宝宝”：哪一个才是真实的她？

白天，他衣冠楚楚，是个老实本分的文明人；夜晚，他成了疾恶如仇、行侠仗义的独行侠：哪一个更符合他的本性？

关于双面人、多重人格的桥段，我们常常在影视作品中见到。那么，从科学角度来讲，除了人格障碍患者之外，我们会出现“一个大脑、双重意识”的情况吗？我们的意识能由自己自由主宰吗？脑与意识，究竟是一种什么样的关系？

本讲的内容与前文有所不同：务虚比较多。本讲讨论的脑科学和自由意志纷争等内容都有些“烧脑”，因此你需要找个安静的地方，静下心来看。我们一起来讨论脑、意志和人生的大问题。

裂脑人的世界

从科学层面来讲，探讨脑与意识一定会追溯著名的裂脑人实验。人类的大脑分为左脑半球和右脑半球，而人身体两侧的感知在左右脑半球是交叉的，比如左眼看到的东西、左手摸到的东西，由右脑半球加工；而右眼看到的东西，右手摸到的东西，由左脑半球加工。连接两个大脑半球的部分是胼胝体，它是两个半球“沟通”的渠道。正常人的两个大脑半球经过胼胝体的连接，构成了一个统一的整体。那么，如果把胼胝体分开，让大脑左右半球失去联系，会怎么样呢？

科学家想这么做，但谁的大脑是西瓜，想切就切啊！所以在一开始的时候，他们都是在猫、猴子等动物的身上做实验。

裂脑人实验要归功于两位科学家，一位是美国国家科学院院士迈克尔·加扎尼加（Michael S. Gazzaniga）[①]。1982年，加扎尼加在加利福尼亚州创建了认知神经科学研究所并担任主席至今，他是认知神经科学的重要创始人之一，被称为“认知神经科学之父”。《纽约时报》对他的评价是：“加扎尼加之于脑科学研究，堪比斯蒂芬·霍金之于宇宙论。”

另一位是加扎尼加的导师罗杰·斯佩里（Roger Sperry）。Sperry听上去像不像split-brain（分裂脑）？实际上，斯佩里研究的就是裂脑。裂脑人实验是脑科学史上非常有影响力的实验，斯佩里就是因为这项研究，与另外两名科学家共同分享了1981年的诺贝尔生理学或医学奖。然而，这期间的大量工作，包括设计，都是加扎尼加做的。当时由于年轻，羽翼未丰，加扎尼加心里有点不满，但毕竟得奖的是自己的导师，也没什么好说的。

“尽管分享功劳并不是他的长处，但应当让公众知道

① 加扎尼加在《双脑记》中讲述了自己的科研人生及历时半个世纪的对大脑两侧半球的探索；在《人类的荣耀》中展现了人类研究的完整拼图。这两本著作已由湛庐策划、北京联合出版公司出版。——编者注

的是，我对他只有最深的尊敬。”这是加扎尼加的原话。

两人做了动物研究后，又想做人类研究，但伦理不允许他们对大活人下手呀。怎么办呢？机会来了，有一种病叫癫痫，就是老百姓常说的“羊癫疯”，医学分析认为，这种病是部分大脑细胞活动异常引起的。当时的神经外科医生就有一种治疗方案——切除患者的胼胝体，隔断其大脑左右半球的联系，部分异常就不会引起“全脑崩盘”，病情就减轻了。当时的医生的确这样做了，也有些疗效，大家都很开心，更开心的则是加扎尼加这些人：终于有天然的大脑左右半球断联系的被试了，探讨“裂脑人”左右大脑功能的时候到了。

加扎尼加蒙上“裂脑人”的眼睛，然后在其右手放一个物体，问他：“你手里是什么东西？”患者能毫不费力地说出物体的名称，这说明，右手发出的信息的确进入了左脑半球——言语功能的定位在左脑半球。随后，加扎尼加又把刚才的物体放在“裂脑人”的左手，这次患者说不出物体的名称了，因为连接大脑左右半球的胼胝体隔断了，语言中枢无法参与信息加工，患者自然就哑口无言了。然而有趣的是，“裂脑人”虽然说不出，但能正确地“摆弄”信息，也就是感受信息的能力是没有问题的。

有时，对于放在左手的物体，“裂脑人”说不出它们是什么，但会“咯咯”地笑出来，就好像右脑半球有独立的人格一样，他们也享受这样的过程。

这说明什么？说明大脑两个半球都存储了关于物体性质的信息，人具有双重的记忆系统。

加扎尼加和他的学生设计了一个装置，让“裂脑人”的左脑半球看到的区域和右脑半球看到的区域不同，然后进行了一系列的实验，结果发现了一系列有趣的大脑左右半球“互搏”的现象。比如有一次，他们问一个年轻男性：“你女朋友是谁？”这个人的左脑半球接收信息后，不愿意说，但不受控制的右手却把女朋友的名字写了出来。

当然，也不是每次实验都能成功，比如有一次，加扎尼加想要看看患者情绪激活时的大脑反应。他到报刊亭买来一些色情杂志，把其中的裸女插图剪了下来，再拍成照片，放入幻灯片给被试看，看他们有什么反应。先是给一位女性“裂脑人”看，一开始的时候，她面无表情。加扎尼加给她的右脑半球呈现裸女照片后问：“你看到了什么？”“什么都没看到。”但紧接着，她憋不住笑了出来。“你为什么笑啊？”“我不知道，可能你的机器有意思吧。”

加扎尼加又找来一位男性“裂脑人”，进行同样的操作，然后问他：“你看到了什么？”“什么都没看到。”被试面无表情。加扎尼加又直接将照片呈现给被试的左脑半球，又问：“这回看到了什么吗？”“一个画报女郎。”被试依然面无表情。实验结束后，被试语气平淡地问：“你们大学的女学生都是这样的？”原来，他大脑左右半球都不觉得裸体图片有多么吸引人，它们根本激发不了他的情绪。实际上，这位男性“裂脑人”参加过第二次世界大战，身经百战，见识多了。

“裂脑人”还有一项比较神奇的本领，就是可以一手画圆，一手画方。对于普通人来说，由于大脑左右半球相联系，两只手分别做不同的任务会互相干扰，一般做不到一手画圆，一手画方。而“裂脑人”的大脑左右半球失去了胼胝体的联系，具备了同时做两件事情的能力，可以根据左右两侧视野同时呈现的不同图形，一手画圆，一手画方，就好像他们的身上存在两种人格，每一种人格负责控制一只手，而且二者之间不会出现任何干扰。

后来，加扎尼加和斯佩里提出了全新的左右脑半球分工理论。具体来说就是，人左脑半球的优势在于分析、逻辑、计算，以及语言；而人右脑半球的优势在于空间、音乐、直觉、感觉等。大家看到的所谓右脑半球开发、全脑提升的各种讲座培训，其基本理念的根源就在于此。他们的实验也表明，左脑半球和右脑半球一样，分别具有自我意识和社会意识。

总之，一系列的“裂脑人”实验影响很大，越传越神。比如传说“裂脑人”就是两个不同的人生活在一个躯体上，在某次实验中，左脑半球表示愿意做绘图员，右脑半球则希望成为赛车手；左脑半球表示爱玛丽，右脑半球表示喜欢约瑟芬……同时，也出现了一些小说，小说的主人公的脑袋里有两种意识在挣扎、分裂。

这直接引发了一个问题：一个人的大脑里，真的有两个“我”吗？“我”究竟是谁？谁决定着“我”的意识？“裂脑人”引发了一系列研究，也从根本上对以下问题提出了挑战：自由意志存在吗？人类的行为，谁说了算？

自由意志纷争

所谓“自由意志”，大体上就是认为自己是自己命运的主宰，“我的行为我做主”。人的自由意志的大体表现，举例来说就是，一般人到饭店点菜，力所能及之内，想吃什么就点什么；想骑自行车，很快就骑上去了；想听心理学，就去听了……这样看来，人有“自由意志”，应该不成问题吧？

其实不然。刚提到的这些例子，在一些哲学家或科学家看来，这种感觉其实是一种错觉。你想点菜，是因为“饥饿”；你想骑车，是因为“无聊”；至于你想听心理学，是因为童年的遭遇；童年的遭遇，则和你的父母大有关系……所以，心理学不是你想学就来学的，这不是你自由选择的结果，而是成千上万年人类生活经验累积的必然。

与自由意志相反的是决定论。决定论认为，人类置身于一个由稳定的因果关系构成的网络中，这种因果关系可以追溯到宇宙大爆炸的那一刻。

这不太扯了吗？想学点心理学，通过决定论一分析，还追溯到宇宙大爆炸了！

你还别不信。决定论攻击自由意志已经有好几百年了，比如物理学是纯科学吧，牛顿和爱因斯坦都是决定论的拥趸。牛顿用几条定律和公式，就把宇宙的运行规律给划定了：如果宇宙运行有确定的规律，那么万事万物一开始就是注定的。达尔文的自然选择，弗洛伊德的潜意识，也都告诉我们，人是不自由的，当下的所思所想来自童年，来自基因，来自当年的非洲大草原。为什么男性喜欢长头发、凹凸有致的靓女？因为一头乌黑亮丽的长发代表着健康，身材凹凸有致则利于生养；为什么女性会倾向于选择多金的男人？因为这样的男人能提供更多的资源，在女性养育孩子的时候，他能提供更好的环境生长……总之，一个人现在所做的一切，都是不自由的，是基因"希望"把自己传递下去的结果。

科学巨擘爱因斯坦更是旗帜鲜明地反对自由意志，他认为世界是严格确定的。在决定论者看来，自由意志无非一场玩笑，一切都是由公式安排好的。

20 世纪 80 年代以来，随着技术的进步，众多脑科学研究也加入了这场争论，而且脑科学在打击人类自尊心方面更是不遗余力，其研究基本都在不断地为决定论添加注脚。比如，有人就研究了大脑的决策过程，结果发现，有意识决策是由大脑无意识过程发起的。研究人员记录到了一种可作为"预备电位"的脑波，这种脑波在个体意识到自己做出决策之前就已出现，无意识的大脑过程似乎能提前知道人如何决策。所以说意识并无自由，你的决策早已经被知晓了。

与此同时，神经科技也在不断发展应用，Meta（Facebook）等公司也在开发大脑交流设备。这样一来，瘫痪者可以用大脑控制机械臂和计算机光标；有些盲人移植的眼球植入物能向大脑视觉功能区发送信号；等等。用技术改善大脑功能的同时，有一个问题越来越引人深思：到底是谁说了算，是你，还是你的大脑？

在回答这个问题之前，我提醒大家，关于自由意志和决定论的争议，不要轻易参与。它太烧脑了，一般人总朝这个方向胡思乱想，搞不好容易让大脑“崩溃”。

我并没有开玩笑。前两年比较火的一部美剧叫《西部世界》，讲的就是机器人觉醒，有了自由意志的故事。剧中有一段有趣的情节：作为机器人，觉醒的妓院老鸨挟持了维修部门的程序员。程序员对机器人老鸨说：“你说的每一句话都是设计部编好的程序。”机器人老鸨骇然发现，自己脑子里要说的每一个词都提前一步出现在控制板上……接着她就死机了。

对于这件事，你琢磨琢磨，也容易“死机”。我现在说的话，你想说的话，是不是已经被某种力量决定好的呢？这个案例也提供了一个讨论自由意志的切入点：你说的话是你想说的还是别人想让你说的，决定了你是否具有自由意志。你以为的真的是你以为的吗？

我们来听听专家的意见，看看加扎尼加是怎么说的吧。

认知神经科学之父的答案

关于自由意志与决定论，加扎尼加的主要观点如下。

自由意志反思

加扎尼加认为，自我只是一种幻想，人们并没有自己想象中的那么伟大。一些观念不是你自己选择的结果，而是与生俱来的，比如喜欢花、害怕蛇等。我们的主观意识源自左脑半球，它会不断地解释突然出现在意识中的信息片段，自我观念不过是左脑半球建构出来的解释。很多时候，我们先自发地、潜意识地做出一些决策，然后用左脑半球找出一些听上去合理的理由来解释这种决策行为。换句话说，我们为过去的事件创造虚构的叙述，并相信它是真实的，从这一点上说，我们的意志并不自由。

但是，“人有自由意志”的信念渗透于各种文化，拥趸众多，而科学研究也证实，只要我们相信这种观念，社会就会变得更为美好。美国心理学家用实验证明，相信自由意志的人更愿意帮助他人，而相信决定论的人更容易攻击别人，因为“人有自由意志”的信念鼓励人们相互尊重，而决定论这种观念会让人们觉得自己无能为力，“责任不在我这里”。

所以，无论自由意志和决定论谁对谁错，我们至少可以拿它们当作交朋友的参考：相信自由意志的人有亲和力，我们可以与之交友；相信决定论的人攻击性强，我们可以尽量避免与之发生冲突。

决定论批判

加扎尼加作为科学工作者，也对决定论进行了批判，他的理由如下：

第一，混沌理论告诉我们，复杂系统难以进行长期预测，微小偏差会导致预测结果的不确定性，最初的“失之毫厘”，不久之后就会“谬以千里”，而且复杂系统的不确定性是随机的。所以说，决定论的基础是数学和测量，但生活这种复杂系统无法预测，所以那些带有公式的确定性定律能否适用于复杂系统，根本说不清。

第二，量子力学等学科的出现，对传统的经典力学造成了冲击。微观粒子并不遵循所谓的普遍运动规律。物体遵循牛顿运动定律，可是构成物体的元素，也就是微观粒子并不吃这一套。微观世界并非决定论的世界。牛顿运动定律在宏观世界起作用，但预测不了微观世界的运行规律，而且预测也没有确定性。微观世界只是一种概率论，我们只能预测事件发生的概率。换句话说，决定论本身在物理学界已经受到质疑，并岌岌可危了。

再回到脑科学，决定论已经是物理学玩剩的了，脑科学就别拿着当宝贝了。在物理学界，确定性的规律不能同时应用于微观与宏观：量子力学是适用于微观世界的规律，牛顿运动定律是适用于宏观物体的规律；前者不能完全预测后者，后者也不能完全预测前者。所以，在脑科学界，我们能否根据从神经元和神经递质等神经生理学微观层面上了解到的知识，构建出一个确定的模型，来预测意识思想以及大脑生成的结果或心理呢？更成问题的是，假如碰上3个及以上大脑交汇，也就是人群交往，还符合神经元的规律吗？从微观发现来推导亲密关系、社会互动的宏观故事，可行吗？这当然是有问题的。

微观与宏观，不同层面的事物有不同的规律和解释；人是社会动物，不能单从单个大脑层面去理解人的行为，而要将其放在众多大脑相互作用的社会现实中去理解。

第三，加扎尼加的“底牌”是：终极责任是人与人之间的契约，而不是大脑的一种属性。科学夺不走人的价值与美德，从更科学的角度理解生命、大脑与意识，并不会侵蚀这种我们都珍惜的价值。我们是人，不是大脑。揭秘大脑的秘密是神经科学的任务，而在这个层面上考虑自由意志，属于文不对题。生而为人，我们应该珍视、爱惜自己和他人的价值，应该去承担自己应该承担的责任。

纵观加扎尼加洋洋洒洒的论证，一句话总结就是：有自由意志是个好事，但在脑科学层面讨论这个问题就很扯。牛顿运动定律无法解释微观粒了的活动，脑科学的微观定律也无法解释我们复杂而美好的人生。

本讲讨论的终极问题非常“高大上”，发展正酣。但对于一些应用，值得警惕。来说一个典型的滥用的例子。

1983 年，西蒙·派雷拉（Simon Pevera）因犯两宗一级谋杀罪，两次被判死刑。然而 21 年后，法庭接受了大脑扫描的证据：派雷拉的额叶是畸形的，这损害了他正常行事的能力。于是，派雷拉对另一宗谋杀罪也提出上诉，又拿出那张脑扫描图说自己精神发育迟滞，结果法庭又认可了这个证据。使用相同的脑图，幻化成不同的说辞，以“科学”的名义，罪犯继续逍遥法外。迄今为止，脑部扫描仍有其局限性，据此做出的结论并不十分可靠。对于派雷拉案来说，扫描时的大脑并不是他犯罪时的大脑。

这个例子给我们什么启示呢？脑科学的发展日新月异，其规律是否适应于自己的复杂生活，我们对此要慎重。不要他人一说脑科学，我们就把它当成信仰，还坚定不移地支持。

20 Wisdoms From Psychologists

第二部分

情感与两性

08

每天都过得很压抑，该怎么让自己变得开心起来

积极心理 · 塞利格曼

有心理学研究表明，相较于 20 年前，“千禧一代”的年轻人更容易情绪低落。现在年轻人的世界仿佛成了一个低幸福感的世界。从近些年的网络流行语中，我们可以看出一些端倪：2017 年的“蓝瘦香菇”（“难受想哭”的意思）；2018 年的“丧”；2019 年的“自闭”；2020 年的“网抑云”（网易云）；2021 年的“生而为人，我很抱歉”“emo”[①]。

那么，是什么导致这一代年轻人孤独、低落、消沉、迷惘和悲观呢？答案很明显：谋生艰难，成功不易。很多

---

① emo，全称 Emotional Hardcore，原本指一种与朋克相似的摇滚乐，后被用来表达“丧”“忧郁”“伤感”等情绪。——编者注

年轻人在繁华的都市里打拼，用尽了全力，艰难前行。反复的失败让一些人开始怀疑自己的能力与努力，他们感觉自己无能为力，不如“躺平”，任命运宰割。这种状态在心理学上被称作“习得性无助”。

那么，如何才能摆脱这种低落压抑的状态，让自己重新恢复斗志，再“燃”起来呢？我们先从对一只狗的研究说起。

一只特立独行的狗

狗有什么好研究的呢？其实，巴甫洛夫条件反射的起源，就是一只不听话的狗。当年，巴甫洛夫在研究狗的消化腺时，由于需要狗分泌唾液，他便找来一根肉骨头。狗一看到骨头，就开始流口水，巴甫洛夫就收集了狗的口水来研究。不过，狗总参加实验，后来有了“经验”，一到实验快开始的时候，它“预期”骨头要来了，没等大家准备好，它就开始流口水。这让巴甫洛夫很烦：没到流口水的时候口水乱流。后来，巴甫洛夫一琢磨，提出了条件反射理论：一开始，铃声和骨头结合，狗就流口水；后来，不用铃声和骨头结合，只要铃声一响，狗的口水就来了。

不久之后，美国的一名心理学研究生也做了一项著名的关于狗的研究，他不是用骨头，而是用电击来研究狗的学习：铃声和电击相结合，铃响之后电击狗，然后狗就跑。他想知道：到最后，铃声一响，狗是不是就跑？不过，对于这项实验，需要注意的一点是，铃声和电击是连在一起的刺激，所以一开始的时候，铃声之后都伴有电击，狗躲不掉。后来，对于铃声和电击之间的关系，狗终于明白了。但令人不解的是，到了可以跑的时候，许多狗却不跑了，只是躺在地上哀鸣，任人电击。这是怎么一回事？

按理说，这项实验失败了，但这名研究生一琢磨：不对啊，狗其实学会了一种更高级的反应，因为它悟透了铃声和电击之间的关系——铃声必然与电击相联系，铃响之后，电击是无法逃避的。这样，狗就得出了一个悲观的结论：当铃声响的时候，既然自己逃不掉被电击，那为什么还要努力呢？忍着吧。后来，人们给狗的这种“小心思”取了个名字：习得性无助，即多次失败的体验导致动物本来可以采取行动以避免不好的结果，却选择相信痛苦一定会到来，继而放弃任何反抗。

习得性无助现在已经是一个经典的心理学概念了，它的基本形成过程是：频繁体验挫败——产生消极认知——产生无助感——出现动机、认知和情绪上的损害。

狗是如此，人也是如此。经过多次挫败后，人会感到无助，然后变得孤独、低落、消沉、迷茫和悲观，最后有机会也不努力了，这不就是许多人的生活写照吗？这就是抑郁症的表现。

这一现象的发现者就是马丁·塞利格曼（Martin Seligman）[①]。他在读研期间就因习得性无助研究在业界成名，之后成了积极心理学创始人。塞利格曼曾获美国应用与预防心理学会的荣誉奖章、终身成就奖，并在1997年当选美国心理学会会长。

再说回实验。相对于在电击后悲观无助的大多数狗，总有一些狗“不认命”，无论有没有铃声，它们只要被电击就跑，特立独行，永不放弃挣扎，像打不死的“小强”一样。一开始，塞利格曼将这些狗当作实验中的特例，在分析时将其排除在外了。

---

① 塞利格曼在他的首部自传《塞利格曼自传》中，呈现了他传奇的一生，为读者奉出一部积极心理学史。该书已由湛庐策划、浙江教育出版社出版。——编者注

然而有一天，塞利格曼突然想明白了：这些“不认命”的狗才是狗中之希望，应该重点研究。就像我们身边那些不认命、勇往直前的人一样，他们才更值得珍惜。心理学不应该只研究焦虑、抑郁等，更应该研究人性中闪光的一面，研究人的优势、美德以及幸福。

一笔从天而降的钱

当了美国心理学会会长之后，塞利格曼因为事务繁忙，很少接电话，与人沟通一般都是通过电子邮件。但因为电子邮件太多，而且他还忙着玩网游，所以许多时候，对方写得再多，他只是简短地回应几句。

1997年年底，塞利格曼突然收到一封莫名其妙的电子邮件，上面只写了几个字：你可以来纽约见我吗？落款也不是全名，只是一个缩写：PT。

这个“PT”是谁啊？对美国心理学会会长这么狂？塞利格曼还真想见识一下这位神秘人

物，于是，他去了纽约，在曼哈顿一座又小又破的办公楼里见到了那位自称“PT”的神秘写信人。

对方说：“我是一名匿名基金会的律师。基金会在寻找成功者，而你就是一名成功者。你说说你想研究点什么，我们来资助你。”他的意思就是：我们有钱，相中你了；你想研究什么，我们可以提供资助。

这是好事啊！于是，塞利格曼在一页纸上简单地写了研究计划，结果12万美元的支票就到手了。这钱来得好像太容易了啊！

半年后，塞利格曼接到对方的一通电话：“你下一步的打算是什么？”

难道还会给钱吗？塞利格曼对着电话说：“我想研究‘积极心理学’。”

“你可以来纽约见我吗？”还是这句熟悉的话。于是，塞利格曼又去纽约见了PT。

“积极心理学是什么？你这次写3页纸说明一下吧，

顺便把预算也写上。”

一个月后，一张150万美元的支票出现在了塞利格曼的办公桌上……

我们今天谈的积极心理学，就是在这笔经费的支持下蓬勃发展起来的。看，积极心理学值钱吧！

你可能会问：“积极心理学到底是什么？为什么塞利格曼的这一‘创意’值150万美元？有没有‘消极心理学’呢？”

其实，没有“消极心理学”，只有传统心理学。塞利格曼等人提倡积极心理学，只不过是抱怨以往的心理学研究过于集中在人心的消极层面了。比如，一说到心理学，人们就感觉它和变态、疾病、治疗等概念相关，好像谁都有病似的。积极心理学家认为，现代心理学更应该致力于研究普通人的积极品质，充分挖掘人固有的建设性力量，促进个人的和谐与幸福。那么，问题来了：这套说法和我们原先读到的马斯洛、罗杰斯等人本主义大师的目标和主张到底有什么区别呢，说的都是人性本善，应该发扬人积极阳光的一面？

虽然这些说法差不多，但“三十年河东，三十年河西”，时代变了，现在研究的技术手段也和昔日大不相同了。我们可以将积极心理学理解为用最先进、最科学的心理学研究范式，继续考察当年由人本主义心理学家提出的心理学话题，最终促进人的幸福。

既然有财主出钱了，为什么不去研究一下呢？就这样，塞利格曼凭借一个想法，拿到了一笔科研“风投”（风险投资）。

一群成功快乐的人

幸福的标准

研究人性闪光的一面，第一个问题就是：幸福的人是什么样的？他们有什么样的人格特质和美德？

以往的心理学研究重点关注的是人的心灵问题。心理医生人手一本《精神障碍诊断与统计手册》，英文简称DSM，目前已经出到第5版。心理学专业人士就是按照这本手册中的标准来确诊人是抑郁症还是焦虑症的。换句话说，“消极心理”是有标准的。积极心理学研究也需要标准，用于“诊断”一个人是否幸福。

塞利格曼和他的合作者一起，阅读了亚里士多德、柏拉图、托马斯·阿奎纳、奥古斯丁、富兰克林等众多大家的著作，查阅了各种经典文献，纵览中西方文明史，最后归纳出了 6 种放之四海而皆准的美德：智慧、勇气、仁爱、正义、节制和精神卓越。每一种美德还可以分解成不同的心理特质，最后被归结为 24 项性格优势。

前 5 种美德比较容易理解，那最后一个“精神卓越”是什么呢？我简单解释一下，“精神卓越”对应的英文单位是 transcendence，也有人将它翻译为“卓越”“升华”“超越”等，它指的其实是一种情绪优势，人可以将自我与更宏大、更永久的事物以及与他人、未来、宇宙等联系在一起，其包含的内容有对美的欣赏、感恩、希望、灵性、慈悲、幽默等。精神卓越的大意就是，人遇事后超脱了、升华了。

幸福的目标

有标准还不够，还得有目标。塞利格曼定下的目标是，希望积极心理学帮助更多的人实现蓬勃人生。而一个人要想实现蓬勃人生，必须有足够的 PERMA。什么是 PERMA？ P-E-R-M-A，每个字母对应一种元素，相当于幸福人生的“五个指标”。我来具体解释一下。

PERMA 包含的 5 个字母分别代表的是：P，积极情绪（Positive emotion）；E，投入（Engagement）；R，人际关系（Relationships）；M，意义（Meaning）；A，成就（Accomplishment）。

积极情绪指的是我们的积极感受，比如愉悦、狂喜、入迷、温暖、舒适等，包含主观幸福感与生活满意度等所有常见因素。在这些方面得到满足的人生被称为“愉快的人生”（pleasant life），通俗点讲就是：生活开心，主观满意。

投入是指人完全沉浸在一项吸引人的活动中，感觉时间好像停止了，自我意识消失，它与“心流”有关。以此为目标的人生被称为“投入的人生”（engaged life）。后文会专讲这方面的内容，此处不再赘述。

开心也好，投入也罢，它们带来的幸福感都离不开社会交往。塞利格曼说，“良好的社会关系同食物和温度一样，对人类的情绪至关重要，这一点全世界都通用”。他人很重要，是人生低潮时最好的解药，而帮助他人则是提升幸福感最可靠的方法。对人际关系的追求是人类幸福的基石，积极的人际关系是实现蓬勃人生的重要元素。

意义包含主观成分，但又不是单纯的主观感受。布鲁诺为了真理甘愿被烈火焚身，他认为自己的行为有意义，围观者可能会认为他死得无意义，而从人类进化的角度来看，他的行为意义非凡。“有意义的人生”（meaningful life）意味着归属和致力于寻求某些超越自我的事物，并且能在此过程中找到乐趣与自身的价值。

人生的重要意义在于追求各种成就，短期形式如工作、家庭与生活中的“小成就”，长期形式就是“成就的人生”，即把成就作为终极追求的人生。只讲享乐而没有努力的人生，是不完善的人生。

对于塞利格曼提出的幸福人生的“五个指标”，用通俗一点的话语概括就是：什么是幸福目标？一个人全情投入一项让自己开心又能赚钱的工作，在工作中能取得成就，且与同事的人际关系良好，这就是幸福，也就是基础版的蓬勃人生。

一条奔向幸福的路

标准有了，目标也有了，你可以挥舞双手，向着天空高喊："我要幸福，我要 PERMA，我要蓬勃人生！"且慢，你还需要一份实操指南。

塞利格曼在研究中，发展出了多种提升幸福的技巧和策略，有 3 种简单且有效。科学研究也显示，它们不仅能提升人的幸福感，还能显著降低抑郁。

一、感恩拜访

感恩拜访不是塞利格曼的发明，而是塞利格曼从学生在课堂上的感恩练习设计的作业中学到的，他觉得挺好，就让大家依此练习，结果效果惊人。许多人称之为"改变人生"训练。

以下是塞利格曼的指导语：

闭上眼睛。想一个依然健在的人，他多年前

的言行曾让你的人生变得美好。你从来没有充分地感谢过他，但下个星期你会去见他。想到谁了吗？

感恩可以让我们的生活更幸福、更满足。在感恩的时候，我们对人生中好事的美好回忆能让我们身心获益。同时，表达感激之情也会加深我们与他人之间的关系。不过，我们有时说“谢谢”说得很随意，使得感激几乎变得毫无意义。

在这个被称作“感恩拜访”的练习中，你可以用一种周到、明确的方式，体验如何表达你的感激之情。

你的任务是给这个人写一封感谢信，并亲自递送给他。这封信的内容要具体，大约400字。在信中，你要明确地回顾他为你做过的事，并就这件事交流彼此的感受。

按上面的要求去做，基本可以保证从现在开始的一个月内，你将会感觉到更加幸福，更少抑郁。

二、“三件好事”

“三件好事”练习也很简单，具体如下：

在下星期的每天晚上，请你在睡觉之前花10分钟写下当天的3件好事及其发生的原因。你可以用日记本或电脑来记录，重要的是你要有这些记录。这3件事不一定非要“惊天动地”（如“今天，丈夫在下班回家的路上，给我买了我最喜欢吃的冰激凌”），也可以是很重要的事（如“我姐姐今天刚生了一个健康的男孩”）。

在每件好事的下面，请写清楚“它为什么会发生”。比如，如果你的丈夫给你买了冰激凌，你可以写“因为我丈夫有时候真的很体贴”或“因为我在他下班前给他打了电话，提醒他顺便去杂货店”等。如果你的姐姐今天刚生了一个健康的男孩，你可以写“上帝保佑着她”或“她在怀孕期间的一切措施都很正确”等。

如果不喜欢写日记，也可以和亲朋好友分享，比如每天吃饭的时候和家人诉说；没有倾诉对象的话，也可以发朋友圈。

这种简单的方式真的有用吗？有用，为什么？因为塞利格曼自己就实践过，他是一个强调亲力亲为的心理学家。当年研究电击狗的时候，塞利格曼就先电击了自己，体验了一下被电击的感觉。对于“三件好事”，他也是自己先做了实践，然后才推荐给自己的老婆和孩子的，最后研究证实，它们对大部分人都能起作用。

三、突出优势

突出优势练习的目的，是通过发现你的突出优势，促使你更频繁、更有创造性地使用它们，从而鼓励你发挥自己的优势。幸福的来源就是优势的发挥。

但你的优势在哪里呢？你可以总结回忆一下自己所拥有的优势，也可以通过塞利格曼的性格优势测验（VIA Survey of Character Strengths）来找出自己的一系列优势，并注意优势的排序。接下来，逐一选出其中最强的5项优势来问自己：“这是一项突出的优势吗？”

最后，来进行下面的练习吧！

在这个星期，我希望你能抽出一段时间，用一种新的方式，在工作中、在家里或在闲暇时，练习你的一项或多项突出优势，一定要明确使用它的机会。如：

如果你的突出优势是创造性，那么你可以每晚留出2小时来写剧本；

如果你的突出优势是自我控制，那么你可以在某天晚上去健身房锻炼，而不是在家看电视；

如果你的突出优势是欣赏美与卓越，那么你可以选择一条更长但风景更好的上下班路线，边走边看；

如果你的突出优势是好学，那么你可以学习更多的心理学知识……

总之，幸福不是知识，而是一种体验、一种行动。如果你知道了许多道理而不去做，你依然过不好这一生。

塞利格曼的研究工作基本上是在那家匿名基金会的赞助下展开的。在研究并推广积极心理学几年后，塞利格曼主动给基金会的新CEO打电话，吓了对方一跳，对方以为他这次是主动来要钱了。塞利格曼则说："感谢基金会对积极心理学的资助，没有你们就没有积极心理学的现在。我不是来要钱的，我们的研究发展得很好，已经不缺钱了。"这其实是一个感恩的电话。你看，感恩练习，"积极心理学之父"自己也在做。

还记得曾经的电影《大话西游》吗？一部描述一个男人成长无奈的经典之作，影片中一句经典的对白是，紫霞仙子说："那个人样子好怪啊！"至尊宝回复："我也看到了，他好像一条狗哎。"

本讲我们从一只狗出发，聊到了幸福的标准和目标以及提升幸福的 3 种练习。到现在为止，你想到了什么？

我想到的是：希望有一天，我也能突然收到一封类似于"PT"发给塞利格曼的电子邮件……

09

如何找到感性和理性之间的平衡点

理性脑与情绪脑 · 海特

茱莉和马克是一对亲兄妹，两人都在上大学。某个暑假，两人一起到法国旅行。一天晚上，他们独自待在海滩边上的小木屋里。他们觉得，如果两人做爱的话，一定会非常有趣，至少对他们而言是一次新的经历。茱莉吃了避孕药，马克戴了安全套，应该是安全的。他们一起享受了性爱，但发誓仅此一次，下不为例。当晚发生的事也成了两人之间的秘密，他们也因此变得更亲近了。

茱莉和马克做得对吗？许多人一听到这个故事，会立即感觉到不妥：亲兄妹做这种事肯定不对。但不对的原因究竟何在，他们一时半会儿还真回答不上来，毕竟那是人家兄妹私人的事，伤害不到其他任何人。

情感上难以接受，理性上又说不出子丑寅卯，这种情与理的矛盾和纷争在日常生活中是很常见的。在这种情况下，我们是随性而行呢，还是以理驭情？如何才能找到感性与理性之间的平衡点呢？

情与理的纷争

亲兄妹做爱的难题来自 TED 常客、美国心理学家乔纳森·海特（Jonathan Haidt）[①] 的研究。海特从 24 岁开始研究道德心理，他很会讲故事，编出各种各样稀奇古怪的故事找人评判。我们不妨找几个他编的故事来感受一下，同时你也思考一下，故事里的人是否做了不道德的事。

故事一：有一个女人在清理橱柜时发现了一面旧的国旗。她现在用不着它了，所以就将它剪成块，用来擦浴室。

① 海特的代表作之一《象与骑象人》已成为心理学领域的经典作品。而他在《正义之心》中又为读者呈现了一场道德心理学革命，发人深思。这两本书已由湛庐策划、浙江人民出版社出版。——编者注

这个女人道德吗？

故事二：有个男人每周会去超市买一只鸡。但他在烹饪这只鸡之前，会先和它交媾，然后再煮了吃。

这个男人道德吗？

故事三：一户人家的狗在自家门口被撞死了。这家人听说狗肉很香，所以当晚就把狗煮了吃了，没人看到他们所做的这一切。

这家人道德吗？

看到上述故事，你的感受估计和读亲兄妹做爱那个故事时的感受一样，在情感上无法接受：这都是什么人啊？简直道德败坏！但你好像一时又讲不出道理来。鸡和狗本来就死了，而且人们有权处理从超市买来的鸡肉或自家动物的尸体；另外，无论你怎么想，人家亲兄妹之间的行为并不伤害他人，也不损害权利、自由与正义，对吧？

这种情与理之间说不清道不明的关系，是心理学要探讨的，也是回答感性与理性问题争论的海特关注的内容。

海特是全球百大思想家之一、哲学博士，曾任弗吉尼亚大学心理学教授，后担任纽约大学斯特恩商学院教授，也是积极心理学新派领袖之一。他爱好广泛，著述众多，成果斐然，曾因突出贡献获得坦普尔顿奖（Templeton Prize）。

坦普尔顿奖是什么样的奖呢？你可能不熟悉，我只提两点：第一，这个奖的奖金比诺贝尔奖还高；第二，这个奖只颁给在精神领域有非凡成就的人，尤其是在科学和宗教议题上有贡献的人。所以说，在架构宗教和科学心理学之间的理解和交流方面，海特是不折不扣的专家。

虽然海特是个牛人，他的研究却平易近人。他不像许多心理学家发明了很多术语，搞得大家一头雾水，他一直思考的问题都与现实息息相关，比如道德问题、宗教问题、自由主义和保守派纷争问题、美国种族问题等，而且，他始终希望自己的研究能应用于社会，改善不同族群的状况。海特之所以去了斯特恩商学院，也是希望将自己的研究放入复杂的社会系统，帮助企业、非营利组织、城市和其他系统能更有效地运作。

接下来谈本讲的主题：人生在世，情理冲突难免，该如何解决呢？海特总结了3种模式：

一是柏拉图模式。这也是西方哲学数千年以来的趋向，即崇尚理性、怀疑激情，希望人能保持理性而驾驭激情，应该让理性成为“统治者”。

二是休谟模式。休谟离经叛道，一反传统地认为，理性只能是激情的奴隶，在激情面前，理性毫无办法，只能遵从。

三是托马斯·杰斐逊模式。杰斐逊提出了一个理性和情感关系较为平衡的模式，即理性和情感是相互独立的共同“统治者”，就像当初罗马帝国的皇帝将整个帝国分成东罗马和西罗马一样。

以上3种模式，究竟哪一种更合理、更符合人性呢？要想知道答案，我们需要先了解情理冲突的本质。

大脑的发展与隐喻

在生物进化史上，先出现的是爬行动物，然后是哺乳动物，最后才是人类。有意思的是，通过人类的大脑结构，我们依然能够见证大脑进化的整个历史过程。

人的大脑可以分为 3 个模块，它们之间相互联系又各有特定的任务。第一个模块可称为脊椎动物脑（爬行动物脑），即基础脑，它是人脑中最内层、最古老的部分，包括后脑、中脑和前脑，一直没发生太大的改变，它引发的活动只是本能地为了生存以及维持身体所需，如吃喝拉撒、呼吸等。如果只有这部分的脑，我们只会像爬行动物一样，除了吃吃喝喝，就没别的追求了。第二个模块是哺乳动物脑，也可称为情绪脑、边缘系统，其结构和分泌的激素等与其他哺乳动物一样，它引发的是人的喜怒哀惧等情绪，以及性与社会的渴望。第三个模块是高级人类脑，即额叶皮层，是决定“人之所以为人”的理智脑，它可以带来创造力、想象力、解决问题和思考的能力、自我意识，以及高级的善良、同情心等。正是由于理智脑的出现，人类才有能力创造出各种伟大的成就。

然而，大脑的这 3 个模块是随着人类进化依次出现并逐渐发展的，并非一蹴而就。从进化角度来看，先有的是脊椎动物脑，之后是哺乳动物脑，最后产生高级人类脑，人这才有了理性，可以控制本能的冲动。但这种控制并不完美。有时，大脑的 3 个模块做不到协调一致，会出现分裂、冲突，就好像人的大脑中住着 3 只动物一样：一只爬行动物，一只低级哺乳动物，一个人类。基础脑想要吃喝，情绪脑想要欢乐，理智脑想要干活。这样一来，冲突就在所难免了。

其实，从个体的成长来看，情况也是一样的。小的时候，人受本能冲动的支配，激动之下，什么事都做得出来，原因就是理智脑的发育尚不完善；随着年龄的增长，理智脑逐渐发育完善，理性逐渐强大，人才变得不那么容易冲动，变得不急不躁了。

理智脑的出现让人有了理性和意志力，随后人便产生了一种执念，就是希望通过理性来驾驭欲望和情绪。

遗憾的是，理智脑的力量是有限度的。相对于大脑中基础脑与情绪脑，理智脑并非全能，理智脑的意志力在直面本能的欲望与情感时往往不堪一击。在著名的糖果实验中，孩子们之所以能摆脱糖果的诱惑，并非是他们直接控制欲望，直面花花绿绿的糖果，与欲望直接对抗，而是转移注意力，想出了更好玩的活动，从而摆脱了糖果的诱惑。在当年的唐山大地震中，有一位农家妇女在地下忍受了十多天，最终获救。在困境中，她想的不是如何应对自己的饥饿和干渴，而是天天琢磨：自己不能死，不能让隔壁的老婆子最终看自己的笑话。

在海特看来，强求理性与意志力的努力方向是错的，理性选择本身就是一种假象。

我们觉得自己是理性的，但更多的时候，我们只是依据本能直接做出判断，然后再找一些冠冕堂皇的理由来说明自己的判断多么正确。海特的研究也发现，在听到前文提到的亲兄妹做爱的故事时，很少有人会进行复杂的道德推理，然后得出结论：亲兄妹做爱有不妥之处。相反，大多数人会立即说亲兄妹做爱是不对的，然后他们开始找各种理由来支持这一判断。比如，有人指出，亲兄妹做爱会有怀孕的风险，因为虽然两人都采用了避孕措施，但没有一种避孕措施能百分之百成功；有人则认为，这对亲兄妹以后在情感上会受到伤害，即使故事中明确指出这种伤害是不会发生的。也就是说，情感直觉在前，理性加工随后为之辩护。如果说人的感性像只狗的话，那么理性就像狗的尾巴。

从道德判断研究出发，海特又追踪到了心智冲突问题，并试图通过理解情理矛盾的实质，来提升人的生活品质。

在理性是条狗尾巴的比喻之后，对于情理之争，海特又给出了一个更具影响力、更适合传播的比喻：象与骑象人。他认为，人在进化中形成的内心直觉、本能反应以及情绪和感觉，就像一头大象；而有意识的、控制后的思维以及理性就像是一个骑象人。从二者的关系来讲，大象的力量很强大，骑象人无法违背大象的本意来命令大象，他更多的是大象的“顾问”。象与骑象人其实难成对手，实力并不对等。对于二者的关系，海特更倾向于休谟的观点，不过他认为，理性并不是情感的奴隶，说理性是情感的仆人或顾问更恰当一些。

所以，不要总觉得你可以做出理性的选择，可以指挥意识进行思考，甚至认为自己可以通过意志力应对本能。作为一个骑象人，你要做的，更多的是在尊重大象本意的基础上，与大象合作，这样才能以理带情，最后驭象而奔。

听起来好像挺有道理，但在现实生活中究竟该怎么做？比如，生活中有那么多烦心事，你的大象现在就是不开心，那骑象人该怎么处理呢？有没有具体的做法？

当然有。虽然海特并没有给出具体的调整建议，但我们可以根据其思想，总结出一些世俗化的、可操作的情绪调节之道。

骑象人的策略

不与大象“磕”，带着情绪活

首先，在思想上，你要做好心理准备：人生不如意事十之八九。人总有不如意的时候，这时候，仅仅强调理性是不行的，还要承认大象的存在。大象也是有尊严的，不要与它“硬怼”或“死磕”，这种努力往往毫无意义，而且也会消耗你自己的意志力。你应该带着情绪活，顺势而为。

其次，在行动上，你要做好充足的预案。学心理学的一个好处是，在某种情况下，你会知道要发生什么事以及你可能的心理感受是什么，这样你就可以事先做好充足的准备：有准备，就会不慌；有准备，即使大象疯了，你也有办法。予己予人，你可以从以下两种策略入手，让大象沿着骑象人预期的方向前进。

唤醒骑象人，再安抚大象

唤醒骑象人，再安抚大象的意思就是，先唤醒理性脑，再安抚情绪脑。

有的学生曾问我："迟老师，我和女朋友分手了，但我还是没办法从中走出来，还是很关心她的一切。我很难过，该怎么办？"这是很常见的一种苦闷。那么，该怎么解决呢？是让他改变态度，不忘初心，砥砺前行吗？还是让他破罐子破摔，或者安慰他"旧的不去，新的不来"呢？

都不是。还记得前文说的大脑的进化吗？对于理智脑和情绪脑这两部分，一方兴奋时，往往另一方受抑制。换句话说，在某个时刻，要么是大象主导，要么是骑象人主导。当一个人失恋的时候，情绪脑主导，理智脑受到抑制，人会感觉痛苦，浑浑噩噩；如果将理智脑唤醒，使得情绪脑得到抑制，那么痛苦就会减轻。所以，解决失恋的痛苦之道，是别惹大象，召唤骑象人，即唤醒理智脑。人在失恋以后，应该背单词、做习题等，如果能全身心投入，情绪脑会得以抑制，大象的精力就没那么充沛了，人就不会过于悲伤了。另外，有研究表明，人在消极情绪状态下，做精细的且需要耐心的工作会更好。所以，我们在大学生身上常见到的一种表现是：人一失恋，就容易过英语六级。

当然，一个人在情绪不良的时候，也容易沾染一些恶习。有研究发现，当人遭受他人排斥时，与生理创伤相关的脑区会活跃起来，也就是说，被孤立的人真的会身心俱痛。于是，很多人会通过麻醉剂、兴奋剂来缓解这种痛，这些药物本来的用途就是止血镇痛。这也是许多人在失恋或失意之后，想要喝个烂醉如泥的心理原因。

此外，唤醒理智脑并抑制情绪脑的一个更简单的方法，就是玩电子游戏。玩游戏比背单词容易，所以一些人会在情绪不良时沉迷于游戏。其实，玩游戏基本上是平稳情绪最经济的一种方法了。

情绪不良是一种危机，它可能会导致你沾染恶习，也可能会帮你通过考试，至于最终结果，就看你的选择了。对于失恋的人，我想说一个很励志的事：曾经有个男生失恋后，他就沉浸于唤醒理智脑的编程中，然后建立了一套对本校女生的打分系统，后来，Facebook 诞生了。这个男生就是扎克伯格。

先稳定大象，再觅骑象人

先稳定大象，再觅骑象人，其实就是先稳定人的情绪，再对其讲道理。

对自己来说，情绪不稳的时候，可以做点理智的事，来唤醒骑象人；那么对别人呢？可能正相反，需要先安抚其大象，再唤醒其骑象人。也就是说，在面对一个激动或愤怒的人时，先别着急给他讲道理，而是先稳定他的情绪，让他的大象安静下来，然后再和他的骑象人对话。

举个例子。现在，一些政工干部、校长或主任等做思想工作的领导，往往会在自己的办公室，摆放一套工夫茶具。干什么用的，是领导用来享受的吗？并不是，其实很多时候，工夫茶具是领导的思想工作道具。

比如常见的一种思想工作情境：某个年轻小伙满腔怒火、气冲冲地来到领导办公室。“领导，这个活我没法干了！”这时候，领导会怎么做？是和年轻小伙讲“为什么你不能干？人家老张、老王、老李都能干，你年纪轻轻为什么干不了”吗？虽然是这个理，但问题是，这时候年轻小伙的大象在纵情驰骋，说这些无异于对牛弹琴。有经验的领导会怎么做呢？他们往往先不谈正事，而会说：“来来来，别着急，先喝杯茶。”

然后，领导摆出工夫茶具，洗碗、备茶，折腾半天，就是不给年轻小伙喝。原因何在？是他舍不得一杯茶吗？当然不是，实际上，他在消磨时间，让年轻小伙的情绪稳定下来。这就显示出了工夫茶的妙用了：工夫茶，讲的就是“工夫”；不花上一段时间，是准备不好的。

当年轻小伙情绪稳定下来了（如果还不稳定，领导会再来一遍），领导会把茶往他面前一放：“年轻人，有什么事，咱慢慢说……”这就是用工夫茶做思想工作的秘密所在：一杯茶，平复了年轻小伙的情绪，消耗了他的大象的气力；他的大象安静了，领导再和他的骑象人对话。

还记得前文提到的亲兄妹做爱的故事吗？在研究中，海特为了强化效果，还给这种烂事找理由“开脱”。一种是非常扯的，比如告诉被试：“亲兄妹做爱，那么世界上就会有更多爱了啊！”；另一种是相对合理的：“我们对亲兄妹做爱的厌恶，其实是进化而来的——为了避免生育缺陷，人类逐渐演化出了这种适应性本领。但在这个故事中，兄妹俩都采取了避孕措施，其实就没有必要担忧了。”后一种解释的说服力就好多了吧。

那么，对于听到这个故事的人来说，第二种理由的说服力真的会比第一种理由好吗？

如果一个人在听完故事后马上做出评价，那么这两种理由的说服力没有区别，他不在乎解释对还是不对。如果他听完故事等两分钟再做出评价，那么第二种理由的说服力就会显现出来，他会对兄妹俩人的事表现出更大的宽容。

原因何在呢？

当人听完故事立即做判断的话，就是凭直觉，确定态度，然后由理性帮着找理由。而当人听完故事稍停片刻再做判断，飞速的情感闪念已经过去，人会更深入地思考，然后做出判断。

这不正对应工夫茶的例子吗？做他人的思想工作时，如果对方处在情绪激动状态，那么他此时基本上是凭直觉做事的，你说得再有道理，他也听不进去。这时候，对他来说，理性就是感性的律师——感性在哪里，理性就会拼命为其辩护。

而你如果稍等片刻，等他情绪平复以后再和他讲道理，情况就大为不同了。此时，他会认真思考你说的话的是非曲直，然后做出理性的判断。

总的来说，对于人的感性与理性的冲突，海特从研究道德判断出发，结合脑的进化发展，给出了象与骑象人的实质性判断。在此基础上，我们也据此构建出应对自己和他人情绪不良的具体方法。

10 有没有快速且易操作的减压方法

缓解焦虑 · 卡巴金

压力，是这个时代的顽疾。这些年，各行各业，找我做减压辅导的人越来越多。我有时候开玩笑说：“天天讲压力管理，讲得我自己都有压力了。”不过，玩笑归玩笑，虽然我的研究兴趣不在压力管理，但我一直关注着这方面的研究与应用进展，以期把一些科学好用的方法介绍给有需要的人。那么，有没有一些科学、快速且容易操作的心理学手段，适合那些生活节奏快、性子急的人呢？

当然有，比如本讲要介绍的源于东方、成于西方，并流行于众多知识阶层的正念减压疗法（Mindfulness-Based Stress Reduction，MBSR）。这种疗法源自美国心理学家乔·卡巴金（Jon Kabat-Zinn）博士的研究。卡巴金是一位科学家、作家兼禅修导师，也是麻省理工学院的分子生物学博士、马萨诸塞大学医学院名誉医学教授，他更为大家熟知的身份是“正念减压之父”。卡巴金结合西方医学研究与东方禅修传统，开发了正念减压的系统化专业课程。由于他为各类受身心困扰乃至疾病折磨的人带来了减压效果，使得正念的思想逐步进入欧美主流社会，如今在医疗、心理、健康护理等各领域以及各级学校、企业、监狱，都掀起了正念浪潮，连谷歌、Facebook、NBA 都将正念纳入了内部训练，苹果公司甚至将正念训练做成手机应用程序，安装在 iPhone 里。《时代周刊》杂志将这场正在进行中的正念运动称为“正念革命”。

正念的减压理念

正念吃葡萄干

那么，在接受卡巴金的正念减压治疗时，我们需要做些什么事呢？很简单，但又很特别，往往从吃一颗葡萄干开始。如果你身边恰好有葡萄干或某种坚果之类的零食，可以按照以下正念课程中常见的指导试一试：

把几颗葡萄干放在手里。如果没有葡萄干，其他食物也可以。想象自己刚从一个遥远的星球来到地球，那个星球上没有这种食物。

现在，葡萄干在你手里，你需要用你所有的感觉来探索它。

选择其中一颗葡萄干来观察，就好像你从来没有见过和它类似的东西一样。集中注意力看它，仔细观察它，探索它的每一个部分，如同你以前从未见过它一样。用你的手拨动它，并注意它是什么颜色。

注意葡萄干的表面是否有褶皱，再看看它的表面哪些部分颜色较浅，哪些部分颜色深暗。

接下来，探索葡萄干的质感，感觉一下它的柔软度、硬度、粗糙度和平滑度。

当你这么做的时候，如果出现以下想法，如“我为什么做这种奇怪的练习？”“这对我有什么帮助？”“我讨厌这些东西。”就随它们去吧，再把注意力带回葡萄干上。

把葡萄干放在你的鼻子下，仔细地闻它的气味。

把葡萄干放到耳边，挤压它，捻动它，听一下是否有声音。

接着，慢慢地把葡萄干放到嘴里，注意一下自己的手臂是如何把它放到嘴边的，或者注意一下你是何时开始意识到自己嘴里的口水的。

把葡萄干缓缓地放入嘴里，并置于舌头上，先不要咬它，仔细体会它在嘴里的感觉。

当你准备好时，有意地咬一下葡萄干；注意它在你嘴里是如何从一边“跑”到另一边的。同时，注意它散发的味道。

慢慢地咀嚼，注意你嘴里的口水；在你咀嚼葡萄干的时候，注意它的黏稠度是如何变化的。

当你准备吞咽葡萄干的时候，有意识地注意吞咽这个动作，然后注意吞咽它的感觉。最后感受它滑入你的喉咙，进入你的食道，再进入胃里。

这样吃一颗葡萄干会有什么感觉呢？你可能会发现：哇！自己以前狼吞虎咽、心不在焉地吃东西习惯了，吃东西都没感觉了，现在用这种慢条斯理的吃法，开始从一个新的角度看世界，感觉确实不一样。当然，你也可能会觉得：这太愚蠢了吧！不就是吃一颗葡萄干吗？至于这样折腾来折腾去的吗？

事实上，这种做法既不愚蠢，也不会令人难受，它就是著名的正念饮食法。那么，这种方法和思路为什么能够减压？道理何在？科学不科学呢？

正念与正念减压

正念，英文是 mindfulness，它指的是一个人对当下经验不加评判地觉察与注意，通常要求人以一定的距离来观察自己当下的想法，但不评判其好坏或对错。正念的“念”字很形象，“今”上“心”下，也就是说人应该把心放在当下，有意识地觉察，活在当下，不评判。这个简单的汉字基本涵盖了正念的意义。卡巴金把正念引入正念减压疗法中，正是希望患者通过集中自身的意识和注意来提供真实的感觉和知觉，进而减轻生理痛苦和心理痛苦，改善应对能力，提高主观活力。

那么，该如何集中自身的意识和注意呢？如果给美国人讲“活在当下”的东方神秘智慧，他们非崩溃不可。卡巴金就化繁为简：大家都喜欢吃，所以，正念训练就从吃一颗葡萄干开始。通过这种方式吃葡萄干，人会将意识和注意力集中在葡萄干上，这其实是一个站在更高的角度来观察自己身心感悟的过程。

正念吃、正念喝、正念行走、正念生活……通过关注当下来增强意识，这种专注训练往往会让一个人对日常生活的看法发生根本性改变。当个体面对的不再是一颗葡萄干，而是生活中的压力和痛苦时，其感知和态度也会随之改变。卡巴金及其后继者的研究也证实，正念冥想对大脑活化、与情绪相关的身体反应、同理心与慈悲心有重要的激发作用；正念还可以缓解抑郁、焦虑、疼痛和失眠，改善人的专注力，让人更快乐。此外，正念训练还可以激活额叶并强化左脑半球的功能，使得记忆得以整合，同时也会促发与积极情感相关的脑电活动。

那么，这种认真吃颗葡萄干的正念态度为什么能减压？为什么它对大脑及心灵有好处呢？道理何在？

人生在世，生老病死，贪癫嗔痴。人在面对各种欲望与痛苦时，是战斗还是逃跑？抗击打不赢，回避逃不掉。正念强调另外的态度：接纳和不评判。接纳一系列身心症状，而不是争斗、回避或压抑；接纳自身内外的事物和状态，只感知和觉察，不带任何可能的主观评价，无论它们是好还是坏，积极还是消极，值得还是不值得。比如，你原来的状态可能是“我很痛苦，难受想哭”，越执着越痛；现在则站在更高的角度感受这种痛苦，以“不评判的接纳”的正念姿态，接受这种想哭的感觉，与痛苦相伴，同压力共舞，结果你发现，痛苦缓解了，压力感减轻了。

价值与传承

作为一种新兴的心理治疗理念与技术，正念减压疗法越来越受到各界的重视，其影响力也在与日俱增。有人甚至将正念减压疗法称为“认知行为疗法的第三次浪潮”。在认知行为疗法的第一次浪潮中，人们在心理治疗中注重行为的矫正，试图通过改善行为来影响心灵；在认知行为疗法的第二次浪潮中，人们在心理治疗中注重认知与行为的结合，试图将改变观念与提升行为相结合来影响心灵；在认知行为疗法的第三次浪潮中，人们认识到，在改善行为之前，更重要的是强调对当下的觉察与接纳，将传统的心理治疗观点转变为：先认识与接纳，再谈改变。当前的正念减压疗法、接纳承诺疗法、辩证行为疗法等，就是这一浪潮的代表。

当然，对当下的觉察与接纳与以往的一些心理治疗思路是相暗合的。比如，精神分析中的自由联想强调的就是让自我意识暴露，不压抑自己。另外，森田疗法的顺其自然、正面接受、为所当为的思想内核，与正念减压疗法基本一致，只不过二者强调的具体技术有些区别。其实这并不奇怪，森田疗法的创立者森田正马是日本人，而正念减压疗法的创立者卡巴金是印度裔美国人，两人的理念都和佛教、禅宗等东方思想有渊源，他们都借鉴了古老的东方智慧。

正念的科学之路

讲到这里，你或许会有些疑惑：正念和禅宗、冥想等有什么区别？为什么卡巴金的正念减压疗法是科学的呢？要想知道答案，还得从正念革命的源头说起。

当初，正念革命只是一场地下运动。对，你没有看错，正念减压疗法确实是从地下开始。这里的“地下”不是比喻意义的“地下”，而是实体意义的马萨诸塞大学医学院的地下室。

卡巴金是印度裔美国人，父亲是一位生物医学家，母亲是一位画家，可以说他是科学与艺术的结晶。后来，卡巴金在麻省理工学院取得了生物学博士学位，同时也是诺贝尔奖得主萨瓦尔多·卢里亚（Salvador Luria）的高足，但即使如此，科学也没有完全满足他的好奇心。大学期间，卡巴金听了一场禅修的讲座，立刻被迷住了，之后他不停地学习，内观禅修，成了一名禅修导师。

1979 年，35 岁的卡巴金已经是马萨诸塞大学医学院的年轻教授，精力旺盛的他不想着如何搞生物学研究，却想在患者中推广禅修。在当时的社会背景下，卡巴金在医学院科学取向部门搞禅修这种带有浓厚的东方神秘主义的东西，纯属不务正业。不过，作为诺贝尔奖得主的门徒，卡巴金总不会乱来吧？马萨诸塞大学医学院认为，卡巴金还年轻，有精力、有想法，就让他试试吧，于是就把地下室的一块场地给了卡巴金，随他折腾。一开始，卡巴金也不知道给他的诊室起什么名称合适，为了让大众更能接受，他就起了一个宗教色彩不太浓厚的名称：减压诊所。

患者从哪里找呢？卡巴金开始向医生们求助，请他们把那些有严重身心疾病的患者介绍过来做练习，如患有各种慢性病、心脏病、抑郁症等疾病的患者。有些患者长期遭受病痛，西医没有办法了；有些患者的病痛，甚至连传统的止痛药都不起作用了。医生们也头大，就想：既然卡巴金需要，那就把患者推荐给他，死马当活马医吧。所以，最初来减压诊所的患者并没有禅修的兴趣，只是希望来这里缓解自己的病痛。不承想，经过卡巴金的“调教”，很多患者的病痛还真有所改善，这出乎众人的意料。之后，医生们也就更愿意介绍患者来了，患者好了以后开始向别人宣传，日复一日，年复一年，正向循环，减压诊所的影响越来越大。而卡巴金的影响也从地下室走向地上，并进入主流社会。

通过和患者的不断磨合，在科学研究的基础上，卡巴金也逐渐发展出了一项经典的时长 8 周的课程方案，这就是基于禅修的正念减压疗法。在这一系列课程中，每天所需时间为 2 ～ 3 小时，具体练习包括坐禅、身体扫描、行禅等，其中坐禅为 45 分钟。

正念的人生态度

正念的热潮

正念确实火了。卡巴金自己也说：“在很多国家和文化中，人们已经发现了它不可阻挡的趋势，原因就在于它具有科学依据。”对于正念，美国的警察在用，学校在用，军队在用，硅谷的知识精英们也在用，他们每年还会搞一次“智慧 2.0 时代”的正念大会，把正念与创新、领导力等联系起来——有人的地方就有心理学，有心理学的地方就有正念。

当然，也有人从中看到了商机，于是，各色人等粉墨登场，热闹繁荣，泥沙俱下，国内外都一样。现在，你在网上搜“正念”“培训班”等关键词就会发现，各种各样的相关培训让人眼花缭乱：有大学办的，有寺庙办的，有各种培训机构办的；有 8 天的，有两周的，还有一个月的；内容更是五花八门，有纯正念的，有与禅宗结合的，有与瑜伽结合的，有与舞蹈结合的，还有与领导力结合的……更有甚者，在正念训练时，有人将宗教、减压、身心灵、成功学等烩于一炉，正邪派内容掺杂其间，让专业人士大跌眼镜，也让参与者无所适从。

中国的“正念热”让卡巴金本人都感到惊讶：旨在为患者减压的疗法在中国竟变成了赚钱的生意，自己当初设计的正念课程目标可不是这样的呀！

正念的人生新解

由于宗教传统、翻译问题及市场问题，正念热潮下暗流涌动。接下来，我稍作梳理，归纳各家的想法，以便大家能辨别真伪。

科学界人士的想法以卡巴金为代表：虽然他爱好禅修，但因为宗教与科学的分割，他便把佛教中的宗教部分去掉，发展出了正念。科学在不断发展，所以现在在科学界，一些研究发现正念的确有效；不过，另一些研究则发现，正念有其适用性，不是任何人都能用的。比如，罪犯练正念的话，他们会不加批判地接纳自己的想法，可能会越来越想犯罪了。再比如，正念用在癫痫患者身上，不仅没有效果，还会导致患者的状况变得更严重。

佛教界的想法：正念是佛教“八正道”之一，科学界不能只取一种基本训练方法。要想有效，就得全盘接受佛学的思想，这样就没问题了。去宗教化而只保留正念的技术部分，以为是取其精华、去其糟粕，但实质上已偏离正途，属于舍本逐末。

科学与宗教不相容，所以将佛学去宗教化，形成了正念，但研究表明正念也存在一些不足；而佛教界说这些问题与正念无关，是去宗教化的结果。这样陷入死循环了，没解。

培训界的想法则很简单：市场说了算，哪种方法赚钱，就用哪种。原先的训练经过正念的包装能卖钱，那就包装。

由此可见，现在正念培训市场很复杂：既有科学界去宗教化的正念训练，也有佛教界所谓正本清源的正念训练，还有市场化为了凑热闹赚钱的正念训练。所以，你要想参加正念训练的话，一定要擦亮眼睛。

当然，正念训练市场的杂乱既说明了正念研究和实践需要继续发展，同时也展现了正念对我们生活的意义。

归根结底，与其说正念是一种疗法，不如说它代表了一种人生观：在减压之外，培养专注、接纳、信任和耐心，体验生命本身的富足和美好。正念倡导的这种人生态度，不正是当下这个浮躁社会缺乏的吗？

践行正念的人生态度，就像卡巴金等人在《改善情绪的正念疗法》一书中为我们描绘的那样：

> 当我们不再逼迫自己快乐时，
> 快乐便自行出现了。
> 当我们不再抵抗不快乐时，
> 不快乐便主动撤退了。
> 当我们不再主动出击时，
> 一个崭新而出乎意料的世界便展现在我们眼前。

从佛学到科学

中国人对卡巴金倡导的正念其实是比较熟悉的。正念在正式成为科学概念之前，它在东方佛教领域已经有超过 2 500 年的历史。在佛教中，正念主要被当作一种教义和方法，用来缓解修行人的苦楚，并帮助他们实现自我觉醒。而卡巴金所说的正念与佛教的正念又有些不同。

首先，佛教中的“正念”一词来自巴利语 Sati，有“觉察”“专注”“记住”之意；而卡巴金特意选了一个宗教意味不大明显的英文单词 mindfulness，这个单词直译过来是“留心”“注意”。在翻译的时候，中国的心理学者一开始将 mindfulness 翻译成了专业意味比较强的“心智觉知”或“沉浸”等，后来发现佛教用语“正念”更符合其本意。所以，卡巴金想摆脱宗教的努力，又被我们中国人拉回来了。

卡巴金为什么要把正念去宗教化呢？原因很简单。虽然他热爱禅修，在治疗实践中也利用了佛教的一些思想和技术，但他认为宗教和科学分属两个体系，所谓“敲锣卖糖，各管一行”。医院这种正宗的科学取向部门，毕竟和宗教是有些不相容的。比如，某个基督徒来问诊，卡巴金让他通过佛教手段来治病，既不好说也不好听，而且还容易引起争议。所以，为了获得科学界的认可，也为了获得更多族群的认可，即便正念源于佛教禅修的理论，卡巴金在涉及正念的概念和训练内容等方面尽量不提佛教，完全不涉及佛教的仪式、信仰，且有意回避佛教的专业术语。

正是由于卡巴金进行了这样的处理，正念减压疗法经过 30 多年的发展，已经成了许多心理疗法的统称。这些疗法，除了在来源及理论上还带有一些佛教的烙印，其他方面包含的宗教成分已经非常少了。因此，有人指出，正念减压疗法是一种完全科学的治疗方法，是西方行为疗法的延伸与发展，而相关的科学取向研究也越来越多。

所以说，卡巴金的“正念”与佛教中的“正念”其实在实质上是有不同之处的。你可以通俗地理解为：卡巴金的“正念”是去宗教化的禅修内观；而佛教的“正念”则是一系列思想信念、修行方式的一部分。卡巴金本人代表了一类受过科学训练且有禅修经验的科学家，他们默默耕耘，把一个处于学术边缘、带有神秘色彩的概念带进了科学和文化领域。

11

在职场中遇到心仪的人，该试着谈一场恋爱吗

职场恋情 · 华生

上学的时候，我们都渴望谱一段青春恋曲，留下一段如梁山伯与祝英台一般的情感记忆。毕业后进入职场，我们希望有一段刻骨铭心的爱恋，有人甚至渴望“霸道总裁爱上我”的艳遇。

职场恋情，也叫办公室恋情，英文写作 workplace romance，直译过来是“工作场所浪漫”，指的是同一组织中两个成员之间的亲密关系。美国职场调查数据表明，每年的职场恋情以千万计，近一半（40% ~ 47%）的职场人士经历过职场恋情；被调查者也表示，职场恋情比过去更为普遍，“千禧一代”的年轻人越来越认同职场恋情，且 84% 的人都希望与同事谈恋爱。

既然职场恋情如此普遍，那么，在职场中遇到心仪的人时，我们应不应该奋不顾身地投入一段感情中呢？对此，心理学有哪些确切的研究和建议呢？

恐惧实验与职场师生恋

心理学建议先不谈，心理学界的职场恋情教训倒是可以先说一说。接下来，我要说的就是美国著名心理学家华生的故事。当年，37 岁就当选美国心理学会会长的华生，可谓心理学界的风云人物。1910 年至 1919 年的近 10 年间，在心理学家影响力排行榜上，华生高居榜首；在随后的 1920 年至 1929 年，华生的影响力位居次席，居于榜首的是弗洛伊德。华生当年在心理学界的地位之显赫、影响之大、气势之强劲，可见一斑。

同时，华生还是一位年少英俊、充满激情与魅力的心理学家。多年后，有女粉丝还称赞他："华生是我见过的最英俊的心理学家！"无论在研究方面还是在爱情方面，华生都是特立独行、光彩夺目的一个人。但就是这样一个人，却在心理学研究的过程中因职场恋情出了事。

华生的研究主要源自对冯特以来的心理学的不满。他认为，冯特、弗洛伊德等人天天搞的意识、无意识和潜意识，看不到也摸不着，很无聊，要想将心理学变成一门科学，必须抛开这些说不清道不明的研究对象，研究外显的行为。由此，华生撑起了行为主义的大旗，有众多拥趸，年纪轻轻就成了和精神分析学派对抗的领军人物。

当然，华生不只是说说而已，而是真的做了研究，来证明人的恐惧等一些心理表现不是种族的遗传本能，也并不是源于弗洛伊德所说的童年经历，而仅仅是一种养成的行为习惯。为了证明这一点，他做了一项在心理学史上堪称石破天惊的研究。华生找来一个叫“小阿尔波特”的 11 个月大的孩子，然后为他呈现一只小白鼠。小阿尔波特不知所以，便要去摸它，这时“咣当”一声，华生在他后面敲了一下铁棒，把他吓哭了。接着，华生又给小阿尔波特呈现小白鼠，他还想摸，华生又敲铁棒，他又哭。就这样，华生连续做了几次。后来，小阿尔波特一见小白鼠就哭；再后来，他不只看见小白鼠会哭，看见兔子、狗、毛大衣也会哭，甚至看见圣诞老人的白胡子都哭。华生通过这个充满创意但并不人道的实验揭示了孩子的恐惧是习得的。也就是说，人是环境的产物。

之后，华生用一段话阐明了人的可塑性：“给我一打健康的婴儿，如果让我在由我所控制的环境中培养他们，不论他们的前辈的才能、爱好、倾向、能力、职业和种族情况如何，我保证能把其中任何一个人训练成我选定的任何一种专家：医生、律师、艺术家、富商，甚至乞丐和盗贼。”

相对于弗洛伊德提出的带有阴郁色彩的童年决定论，华生的研究及言论虽然偏激，但无疑让人眼前一亮，也给人们带来无限希望。因为从本质上讲，华生的观点是一种环境决定论：设置好环境，就可以教育人，并改造社会。华生由此成为他所在的年代最伟大的心理学家，一点儿也不奇怪。

华生的这项恐惧实验不仅吓坏了小阿尔波特，也“吓坏”了他的妻子。因为在这项实验期间，华生天天待在实验室，结果和自己的实验助手——一个名叫罗莎莉的漂亮女学生恋爱了，他的婚外情史也由此“东窗事发”。

罗莎莉是一个聪明伶俐且年轻的“白富美”，出身世家，年轻貌美又有钱。罗莎莉与华生，一个是单纯而又出众的女孩子，一个是英俊潇洒且充满激情的年轻教授，两人因为实验天天在一起，相处时间长了，互生情愫毫不奇怪。华生在学问上挥洒自己激情的同时，未能守住感情的底线，之后和罗莎莉黏在了一起，两人如胶似漆。

虽然当时华生已经是美国心理学会会长，事业正值上升期，激情满怀的他有无限可能，但校方依然解雇了他。华生从此离开了心理学界，只在心理学的江湖留下了一段传奇。

后来，华生离了婚，因为他是主要过错方，给了前妻好多钱。好在罗莎莉确实是真心爱华生，即使他没了工作，没了钱，她还是和华生在一起了。

职场恋情的现状与原因

男人的激情，可以激发研究灵感，也可以葬送职业前程。在研究上，华生是伟大的思想家和前行者；在生活中，华生却做出了错误的示范。如果华生没有发生那段不伦师生恋，又会怎样？历史不容假设，但我认为，华生在理论上的偏激和冒进，与他在感情上的出轨和“释放”，是他个人的一体两面，其内在的逻辑结构是一致的，像华生这种“革命者”的事业和爱情往往都充满激情而又离经叛道。

再回到我们普通人的职场生活中来。那么，一个富有激情的人，如何在工作中展现魅力，同时又能在感情上抵挡周围的诱惑呢？对于职场恋情，每个身处职场中的人都可能会遇到，它现实吗？靠谱吗？我们又该如何认识和面对职场恋情呢？毕竟即使像华生这种著名的心理学大师也做出了错误的选择，那我们普通人该如何处理呢？

现在，各种书籍和媒体中都有关于职场恋情的探讨，不过，大多数的讨论都充斥着个人的观感，尤其是在国内。接下来，我将介绍一些当下经典的心理学科学调查与研究结论，帮助大家找到问题的答案。

职场恋情的专业研究可以追溯到心理学家罗伯特·奎因（Robert Quinn）在 1977 年发表的一篇研究文章。在这篇文章中，奎因探讨了职场恋情的形成、影响以及组织的管理问题。从当下的研究来看，职场恋情在国内外都是比较普遍的现象，其原因主要包括以下几点：

首先，随着社会的发展，各行各业的职场女性越来越多，为职场恋情增加了更多的可能性。所以，职场中单身男性的机会越来越多了。

其次，随着社会观念的不断进步，人们对职场恋情的态度越来越宽容。在很多领域，以往的职场恋情禁忌已不再是强制性要求，有的行业和组织甚至希望员工之间谈恋爱，这样更有利于组织成员的稳定性。

再次，生活艰难，谋生不易。许多人的工作时间越来越长，而在一些城市，上下班路上花费的时间也非常长，这种情况下，不在职场发展恋情，那要到哪里去呢？哪里还有时间和精力呢？所以在我看来，那些“996”的工作场所还禁止职场恋情，简直太不人道了。

最后，工作背景诱发的相似性、接触机会的易得性等，也为职场恋情提供了便利条件。

总之，无论你喜不喜欢，职场恋情都很常见，容易发生，也难以避免。这就相当于中学生谈恋爱，老师可能很头疼，但屡禁不止，“生生不息”。

不过，在职场中，有一种情况需要特别注意，就是恋情的误判。

我们在工作中常会说一句玩笑话：“男女搭配，干活不累。”确实，异性之间成为工作伙伴也是职场中的一种常态。有男有女，大家在工作中一起努力，一起集思广益，更容易解决问题。有时候，工作需要时间和耐心，如果没有合作伙伴，一个人很难完成；而如果合作对象是一位异性，两人长期相处和合作，彼此之间产生认可和依恋是完全正常的事。

但工作中的这种认可和依恋与两性恋爱之间的认可和依恋是有差别的，差别在哪里呢？会不会造成混乱？把“工作之情”误判为男女之情在所难免。工作和爱情有相似之处：两个人彼此在一起的时间越长，相处就会更融洽，相互之间的感觉也会更舒服；在工作中合作时间久了产生的男女之间的感觉，就类似于一对夫妻。这时候，如果一方跨越边界，将性的因素混进其中，可能会导致两种结果：一种结果是，彼此的感情更进一步，并逐渐发展为恋人；另一种结果是，一方的误判，“郎有情，妾无意”，甚至失去一个好的工作伙伴。

职场恋情的结果与建议

那么，该如何面对职场中两性的交流与发展呢？该不该积极地发展一段职场恋情呢？接下来，我会介绍职场恋情研究的另一些发现，同时再提一些建议。

一是职场恋情有利有弊：有的修成正果，有的造成遗憾。

从现实来看，职场恋情对工作有影响吗？答案是肯定的。以往的研究主要集中探讨的是职场恋情的负面影响，比如导致工作中的嫉妒、偏心等，另外，职场恋情名义下的性骚扰问题尤其令人关注。不过，一些研究也开始展开了有关职场恋情积极意义的探讨，比如有些研究发现，想在职场中谈场恋爱的人，他们工作时往往更积极，也更有热情；而没有职场恋情想法的人，他们的工作态度多是得过且过，工作积极性也有限。一项调查发现，71%的“千禧一代”员工认为职场恋情会对工作绩效和士气产生积极影响。

除了对工作有影响，职场恋情对生活也会产生很大影响。美国的一项调查显示，职场恋情是婚姻的最大杀手，许多人与心理学家华生一样，由此走上了情感的不归路。同时，也有研究表明，只有13%的人对待职场恋情的态度是认真的，且经受住了时间的考验。不过，只有10%的职场恋情走向了婚姻。

当然，如果你正在经历职场恋情，也不必担心，因为在生活中，恋情发展为婚姻的比例也不高。

二是职场恋情男女有别：对男性有影响，对女性的影响更大。

俗话说，同事同事，一动感情就出事。职场恋情对男女两性都有影响，但强度不同，“方向”可能也不一致。男性在职场中谈恋爱，人们通常会认为他们有魅力，是人生赢家；而女性在职场中谈恋爱，则容易被误解为“靠姿色上位”。很多研究也表明，人们对职场恋情中的男性的看法更积极，认为他们更值得信任；而人们对职场恋情中的女性的看法则消极一些，认为她们不值得信任和关心。女性更可能为职场恋情付出代价，尤其是在其所恋之人的职位等级与她的职位等级不一致的情况下。

三是职场恋情存在等级差异：同级别问题不大，上司下属问题多。

从职位等级上讲，职场恋情可以分为两类：差级恋情与同级恋情。前者指不同职位等级的人之间的恋情，如下属和上司谈恋爱；后者指同一职位等级的人之间的恋情，如同事之间。研究发现，在职场中，上司与下属之间的差级恋情更为普遍，但受认可度较低。大部分人比较认可同事之间的亲密关系。不过，近期的调查发现，这种情况有所改变："千禧一代"的员工中，40% 的人认可下属和上司约会，而之前是 14%。

其实，上司与下属之间的恋情不太受大家认可很容易理解，因为上司与下属约会是很棘手的，很容易导致偏爱、搞特权，当然也包括性骚扰与性交易。尤其面对一些上司，只有满足了其个人的需求或性需求，才能换取自己的工作与职位的需求，这是一种非常功利性的恋情，甚至不能说是恋情，而是一场交易。这种职场恋情最容易出问题，进而影响工作。

四是分手尴尬：职场恋情最后的分手问题影响很大。

大部分的职场恋情往往以分手收场，这也是职场恋情比较令人尴尬的地方：两人不爱了，还要在一起工作，抬头不见低头见，成为办公室八卦的中心人物。最后，往往是一方甚至双方离开公司。下属和上司谈恋爱最难，如果恋情终结，则意味着下属要离职，职业上受到的负面影响最大。

综合以上研究，对于职场恋情，我的总体建议是：理智选择，趋利避害；别轻易开始，但开始了就不后悔。

职场恋情有利有弊，所在组织也不会坐视不管。一般来说，管理者总体上不鼓励工作中的亲密关系。由于利益输送、性骚扰等原因，一些企业的人力资源政策明文禁止上司与下属之间的恋情，如 IBM、辉瑞、沃尔玛等企业都是这么做的，但迄今为止，大部分企业并没有做出明文规定。

职场恋情太难处理了，组织一般也不好做出明文规定。像华生这样的心理学大师亦免不了，甚至还因此耽误了自己的心理学大业。不过，我们也没必要为华生担心，因为他被解雇后，进入了广告业，同样干得风生水起，在当年年薪达到了 7 万美元，基本相当于现在的百万年薪。从生活层面上来说，这要比当心理学家舒服多了。

12

如何才能体验到沉浸其中、忘记时光流逝的乐趣

心流·希斯赞特米哈伊

有个名叫丁的厨师为文惠君宰牛。丁的手接触的地方，肩膀靠着的地方，脚踩着的地方，膝盖顶住的地方，都“哗哗”地响；刀子刺进牛体，发出“霍霍”的声音。没有哪一种声音不合乎音律：既合乎《桑林》舞曲的节拍，又合乎《经首》乐章的节奏。文惠君说：“嘿，好哇！你的技术怎么高明到这种地步呢？”

丁认为那并不是一种技术，他答道：“我探究事物的规律，已经超过了对宰牛技术的追求。”他接着描述了自己达到这种境界的历程，那是一种对解剖牛体的神秘的、发乎直觉的体悟。最后，牛肉经他一碰，就好像自动分开似的。丁说：“我宰牛时全凭心领神会，而不用眼睛去看；视觉停止了，但精神在活动。”

以上就是我们耳熟能详的庄子所讲的“庖丁解牛”的故事。其实，丁在宰牛时全情投入、享受其中，并“杀出”了艺术感的心理状态，就是心流。心流这个概念是由心理学大师米哈里·希斯赞特米哈伊（Mihaly Csikszentmihalyi）[①]提出的。

心流及其特性

心流的英文写作 flow，本来是“流动”的意思。把 flow 翻译成符合信达雅标准的中文，其实是件难事，我见到的就有“心流”“福流”“沉浸”“福乐”“化境”“流畅感”等多种译法。本讲选用的是“心流”的译法，因为这种译法的应用最为广泛。此外，希斯赞特米哈伊本人也说过，他儿子是学东方哲学的，懂中文，后来父子俩经过商议，确认了“心流”这一译法。

心流表述的是一个人身心完全投入某种活动的状态，

① 希斯赞特米哈伊在他的经典之作《创造力：心流与创新心理学》中，分析了包括 10 多位诺贝尔奖得主在内的 90 多名创新者的人格特征及他们在创新过程中的心流体验，提出了非常实用的生活建议。该书已由湛庐策划、浙江人民出版社出版。——编者注

在这种状态中，人会感到充满活力，精神高度集中，忘记了自己和周遭的一切，也就是中国古人所说的“心与意合”“物我两忘”的状态。在希斯赞特米哈伊的理论中，幸福不是目标，而是追求目标过程中的附属，是一个人全身心投入某件事情时，达到忘我的境界，并由此获得内心秩序和安宁的状态。幸福是一种最优体验，而心流即是幸福的一种体验。

那么，心流这种体验有何特征？我们如何才能达到这种幸福状态呢？

和当年人本主义大师马斯洛研究高峰体验不同，希斯赞特米哈伊对心流的考察是纯实证研究，他采访了运动员、音乐家和艺术家等各类人群，使用了访谈、问卷调查、心理抽样等多种技术，将心流的表现落到实处，并清楚地揭示了人在产生心流时的 7 大特征。这 7 大特征包括：

- 完全沉浸。注意力高度集中，感觉对自己正在做的事情充满热情。
- 感到狂喜。觉得自己从日常现实的琐事中脱离了出来，进入另一种现实状态中，类似于宗教人士在宗教场所感受到的那种喜悦，或普通人在剧院 / 舞台等场所感受到的喜悦。

- 内心清晰。知道哪些事情需要完成，以及到目前为止自己做得如何。了解自己的目标，并且清楚地认识到达到目标所需的努力。
- 力所能及。尽管某件事情可能存在挑战，但仍然相信自己能胜任。
- 产生平静感。对自己毫不担心，甚至丧失自我觉察，连自己的基本生理需求都无法意识到。例如，有些人在全神贯注地写作或打游戏时，会进入一种废寝忘食的状态。
- 感到时光飞逝。由于全身心地投入在当下的事情中，自己会感觉时间在不知不觉中飞速流逝。比如，专心致志地做某件事情时，猛然抬头发现白天早已变为黑夜。
- 有内在动力。认为自己做某件事情是源于内心的渴望和对它的认同，而心流的状态又能帮助自己完成这件事情，实现该目标。例如，一些作家在创作过程中，对于新作品的渴望会令其进入一种忘我的境界，而这种境界又使得他们的创作充满了创造力。

当然，心流的产生不需要同时具备以上全部特征。简单点说就是，当你做某件事时，投入其间，享受其中，感觉时间飞逝，即主观时间改变，感觉时间“嗖”一下就过去了，这样的感受就是心流，也就是你的幸福状态。

你有过这种状态吗？有没有一件事让你投入其间并享受其中，感觉时间“嗖嗖”而过？如果有，是什么时候呢？

有人可能会说自己打麻将的时候有。打麻将确实可以让人产生这种状态，打着打着，一抬眼天亮了。其实在工作中也有，比如领导安排了一些工作给你，但时间很紧，于是你全情投入在工作中，忘记了吃饭，这也是心流产生的时刻。

再比如像我们当老师的，有时候讲课讲得兴奋了，在课堂上滔滔不绝、口沫横飞，连下课铃都听不到了，后来一转身，突然发现下节课的老师来了：“哎呀，对不起，同学们，忘记下课了。你们继续吧。”然后急匆匆奔走，这其实就是老师的幸福状态。当然，这可能是以学生的“痛苦”为前提的。

再简单点讲，幸福就是感觉时间过得快。

比如你现在看这本书，感觉时间“嗖”一下过去了，这表明你读书读得挺愉快的。

如果你感觉这一星期“嗖”一下过去了，说明你这一星期过得很开心。

如果你感觉这一年“嗖”一下过去了，说明你这一年过得很幸福……

如果你感觉这一辈子“嗖”一下……等一等，这辈子就别“嗖嗖”了，还是好好活着吧。

这其实也说明，人这一生总是开心也不行，起起伏伏才是人生之常态。

荣格领进门

希斯赞特米哈伊是当下流行的积极心理学奠基人之一，曾是芝加哥大学心理学系主任，曾在克莱蒙特大学任职。塞利格曼曾称他为“世界积极心理学研究领军人物”，他的研究也反映了心理学研究方向的“巨变”：从缓解心理问题转向如何获得更优质的生活。本讲借用他的研究，和大家谈谈如何达到心流这种最优体验，并沉浸于幸福状态。

纵观心理学史，很多大师最出色的研究源头往往和其个人独特的人生境遇有关，希斯赞特米哈伊也不例外。

希斯赞特米哈伊出身于一个不错的家庭，他的父亲曾是匈牙利驻罗马大使。他的早年生活很优渥，后来，这种生活被第二次世界大战打破了。历经战乱，希斯赞特米哈伊的祖父母以及叔叔和叔母都去世了，而他的两个哥哥，一个被杀，一个被抓。他的父亲不想为新政权效力，便辞职了。这样一来，家里的收入来源没了。国恨家仇，让希斯赞特米哈伊顿感慨与困惑：为什么宁静的生活会被打破？为什么成年人不好好过日子？人类为什么会这样？后来，他开始研究哲学、宗教、文学等，但没有找到问题的答案。

毕竟希斯赞特米哈伊当时年纪还小，不会整天寻思这些事，也想着玩啊，所以他在14岁的时候，用自己攒的钱准备去瑞士滑雪。结果，他到了以后，天不作美，雪都化了，一片泥泞，他不知道该怎么办。他想去看电影，但电影票太贵了，又舍不得。为了打发无聊，希斯赞特米哈伊就看看报纸，得知有人在大学演讲，谈UFO、飞碟之类的话题。闲着也是闲着，听讲座也不要钱，希斯赞特米哈伊就去了。结果，演讲的人并没有科普UFO、飞碟是怎么回事，而是讲到在欧洲，战争粉碎了美德、信念等所有一切，只剩下混乱，人们遭受了巨大的心理创伤。虽然许多欧洲人说自己看到了飞碟，但这并不是真的，只是特定社会背景下民众的一种集体心理幻象：飞碟只是一种源自祖先的原型，是一种曼陀罗，源于人们的信仰。

是不是感觉似曾相识？其实，演讲的那个人就是前文介绍过的精神分析大师荣格。不过，当年希斯赞特米哈伊并不知道，他只觉得荣格讲的东西可以解决自己一直都感兴趣的问题。后来，他开始读荣格的著作，并对心理学产生了兴趣。不过在当时，欧洲并没有学校教授心理学，也没有心理学专业。所以，后来希斯赞特米哈伊漂洋过海去了美国。

希斯赞特米哈伊到达美国的时候，兜里只有1.25美元，他只好边打工边读书，生活得很辛苦。他每天从晚上11点一直工作到第二天上午9点，然后回家睡两三个小时，接着去大学读书。就这样，希斯赞特米哈伊坚持了6

年，从本科读到了研究生。

后来，他在芝加哥大学获得了奖学金，生活有所改善，之后又读博士，他的研究方向就是本讲所说的心理最优体验——心流。2021 年，希斯赞特米哈伊去世，享年 87 岁。

挑战与技能

希斯赞特米哈伊认为，要想产生心流的状态，最重要的原则是挑战与技能的匹配。也就是说，心流的产生依赖于个人技能与相关事件挑战难度的匹配。

从事件的挑战难度与个人技能水平两个维度出发，我们可以归纳出 8 种不同的心理状态，即心流八通道模型（见图 12-1）。

当自身技能水平较高时：如果事件的挑战难度较高，我们就比较容易在做事的过程中进入心流状态；如果事件的挑战难度处于中等，我们会有掌控（control）的感觉；如果事件的挑战难度较低，我们会感到轻松（relaxation），觉得毫无压力。

当自身技能水平处于中等时：如果面对的是挑战难度较高的事件，我们会被激发（arousal），产生兴奋感、紧张感，也会被激励，并向心流状态迈进；如果面对的是挑战难度较小的事件，我们就会觉得厌倦（boredom）。

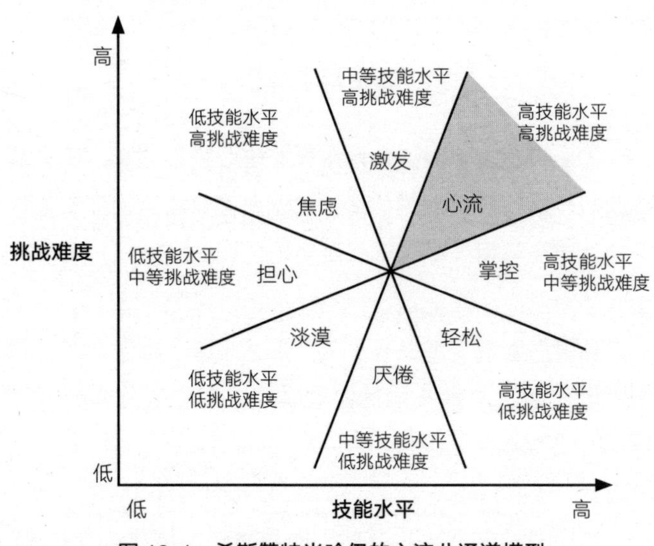

图 12-1　希斯赞特米哈伊的心流八通道模型

当自身技能水平较低时：如果面对的是挑战难度较高的事件，我们会感到不同程度的担心（worry）和焦虑

（anxiety）；如果面对的是挑战难度较低的事件，我们会感到无聊，同时又做不好，很容易陷入一种彻底的淡漠（apathy）状态。

所以，产生心流的前提是，自身技能水平与所面对的事件挑战难度都处于中高等。顺便提一下，一个有意思的发现是，对中国人而言，技能水平高而挑战难度低的事件，也能让人获得心流状态，可能主要是他人的欣赏带来的良好感觉。

那么，当我们发现某件事情充满挑战，而自己的技能不足时，该怎么办呢？希斯赞特米哈伊的建议如下：

- 尝试更多的事情。当内在动机存在时，人们更容易进入心流状态。多试一试，总能找到自己的位置。
- 树立明确而具体的目标，并主动寻找反馈。当目标越明确时，人们对自己的技能的认识就越清楚，也能够更专注地努力。

接下来，我们具体谈一谈如何在休闲与工作中寻找心流。

工作与休闲中的幸福

主动式休闲

相对来说，与工作相比，人们更喜欢休闲时光。然而，并不是所有的休闲方式都能让人感到开心，更不用说找到心流了。希斯赞特米哈伊把休闲活动分成主动式休闲活动和被动式休闲活动两种类型。

主动式休闲活动，如阅读、体育活动、搞艺术、培养爱好、主动式社交等，需要学习与努力；而被动式休闲活动，如看电视、和朋友聊天、阅读不费脑筋的书籍，并不需要消耗太多精力。虽然都是休闲活动，但希斯赞特米哈伊认为，若将被动式休闲活动当作填补空闲的主要或唯一策略，必定会产生不良影响；一旦养成习惯，整体生活品质会明显下降。如果人们能将空闲时间用于运动、艺术或爱好，便可具备感受心流的条件；如果空闲期间无所事事，人的精神混乱度将大为升高，整个人只觉得懒懒散散，兴趣全无。

当然，选择主动式休闲活动虽然有利于产生心流，但过程却不轻松。要想让你的休闲时间得到最妥善的运用，你需要付出专注与才智，比如弹钢琴或下围棋等休闲活动，需要不断刻意练习，提高技能，这样才能保持心流体验。

此外，许多名人的成功恰恰来自主动式休闲活动："遗传学的奠基人"孟德尔生活中的爱好是做基因实验；富兰克林玩避雷针也是基于个人兴趣；达·芬奇搞了那么多奇奇怪怪的发明，也并非其他人逼他做的……

在当今社会，很多人面临的一个问题是工作不自由，休闲无目的。解决方案在于回归人的本性，就像古人的狩猎和采集那样，将工作和休闲集于一身。虽然生活艰难，但至少我们在休闲时能注意活动方式。

游戏式工作

最后，我们来谈谈工作中的心流。

谈工作前，先说说电子游戏。当下，很多成年人和青少年都沉迷于电子游戏，为什么呢？原因很简单，游戏就是基于人的心流规律设计出来的。

玩游戏能让人快速进入状态：一开始，你就有明确的目标，那就是赢或达到某种等级以及获得多少分。在玩游戏的过程中，目标被分解成一项项小的任务，当你完成这些任务后，你就会升级——每时每刻，你都知道自己离目标还有多远。玩游戏的同时，系统会及时地给你反馈：任务完成或任务失败，赢还是输。

系统不断刺激你的大脑，告诉你什么时候应该做什么，你目前的局势如何，然后一步步引导你朝目标迈进。你的大脑完全被占据，注意力高度集中，根本没有时间想其他的事情。

目标明确、及时反馈以及难度适当，这是心流产生的 3 大要素，它们在游戏中都存在。当下，许多互联网公司也在研究如何利用心流理论来设计游戏，估计希斯赞特米哈伊当初研究的时候也没想到吧。

那么，如何在工作中找到心流呢？一个很简单的方案就是将工作游戏化。希斯赞特米哈伊也提倡通过改善工作来提升个人的心理感受：一方面，要重新设计工作，使它尽可能接近心流活动，如打猎、家庭式纺织、外科手术等；另一方面，要培养员工自得其乐的性格，加强其工作技能，帮助其选择可行的目标。对于这两方面，如果只满足其一，是无法明显增加工作乐趣的；但如果双管齐下，则能令人产生意想不到的最佳体验。

不过，把工作游戏化，老板可能不同意。对此，你可以改变自己的工作形式，比如在工作中制定明确的目标，先做起来，并在完成目标的过程中寻找反馈：别人没有鼓励，那就自己鼓励自己。比如今天完成了一项工作任务，可以给自己一点儿奖励。

人生无法改变的遭遇就是“命”，当下的工作对我们来说可能就是人生中的无奈之事。这时候，只有善于自我安慰、自娱自乐，才能树立自己的目标，并不断提升自我技能，达到心流状态。

还记得本讲开篇所讲的庖丁解牛的故事吗？实际上，希斯赞特米哈伊在他的著作《心流：最优体验心理学》中也引用了这个故事，用来说明工作中的心流状态。丁作为一个典型的中国古代“蓝领”屠宰工，都能在工作中找到心流，感受幸福，体验人生，成为西方心理学著作中的榜样人物，作为新时代的我们，为什么不努力呢？

13

完美的爱情究竟是什么样的

两性 · 斯滕伯格

喜欢一个人，
始于颜值，陷于才华，
忠于人品，痴于肉体，
迷于声音，醉于深情。
这样在一起，
才是嫁给了爱情，
愿你遇到一个成熟的爱人，
愿你执迷不悟时少受点伤，
愿你幡然醒悟时还赶得上。

以上这部分文字出自当代浪漫主义诗人吴桂君的诗歌作品《喜欢一个人》，由于它的描述贴合现代年轻人对完美爱情的渴望，因此受到了很多年轻人的认可，在互联网上广泛流传。确实，无论是情窦初开的少男少女，还是成熟稳重的中年男女，哪个人不渴望在适当的时刻谈一场不后悔的恋爱呢？

不过，理解完美的爱情，只靠诗歌还不够。实际上，心理学的研究和发现更接近事实的真相。我们需要追求什么样的爱情？完美的爱情是什么样的？如何让爱情真挚而隽永？对于这些问题的研究，当代心理学最有名的人当属罗伯特·斯滕伯格。

爱情的科学之论

斯滕伯格是美国心理学家，同时也是斯坦福大学博士、耶鲁大学教授，曾任美国心理学会会长、行为与脑科学协会联合会主席及东方心理协会主席，现为康奈尔大学人类生态学院心理学教授。此外，他还获得了众多大奖。

有人可能会想，斯滕伯格能回答上文提的问题，那么他肯定是个爱情大师，然而他并不是。斯滕伯格是一个有故事的人，他第一次婚姻破裂，前妻离开了他。他不服气：作为心理学大师，连爱情都搞不定，那怎么行。于是，斯滕伯格痛定思痛，开始以心理学家的身份和视角来研究爱情的发生、发展以及经营和维系方式，然后提出了他的爱情理论。

对斯滕伯格来说，失败是成功之母，人生就是研究的灵感源泉：老婆跑了不要紧，用心理学研究研究到底是怎么一回事。

斯滕伯格最终将他的爱情理论称为“爱情的双加工理论”。这一理论整合了他之前提出的两种理论：一是人们非常熟悉的爱情三角理论；二是很多人不大熟悉的爱情故事理论。

爱情三角理论

离婚后，斯滕伯格再婚了。他感叹道：“亲密关系像建筑物一样，如果得不到维护和改善，它就会随着时间的流逝而衰败。”

如果是这样，问题解决起来就简单了：什么样的建筑物最稳定啊？我们初中就学过，三角形最稳定。于是，斯滕伯格提出了他的爱情三角理论。他认为，爱情可以从 3 种成分来理解，它们就像三角形的 3 个顶点。这 3 种成分分别是亲密、激情和承诺。

所谓亲密，表达的是一种友谊之爱，“喜欢式”爱情。两个人在一起时感觉舒服，能够交流、理解，相互支持。

所谓激情，表达的是一种迷恋之爱，双方都强烈地渴望和对方在一起，同时伴随身体的欲望。简而言之，两个人恨不得 24 小时都腻在一起。

所谓承诺，表达的是一种理性的认知，双方以婚姻为目的，希望天长地久地生活下去。

很明显，亲密、激情、承诺“独木难成林”，单一的成分构不成理想的爱情。

那么，这 3 种成分两两结合呢？

亲密加激情：斯滕伯格称之为“浪漫之爱”。双方彼此亲密，关系浪漫，着迷于对方，两情相悦，很美好。但遗憾的是，这种爱情可能没有未来，对长远考虑得不多。

亲密加承诺：斯滕伯格称之为“伴侣之爱”。双方关系相对平和，彼此依恋，常伴左右。但遗憾的是，这种爱情激情不足，双方仿佛左手握右手。

激情加承诺：斯滕伯格称之为“愚昧之爱”。这很容易理解，两个人本来就没有感情基础，还幻想着天长地久。

完美之爱恰恰是亲密、激情和承诺的结合，有感情和激情，也有海枯石烂不变心的彼此约定。总之，爱情是全方位的，是生理、心理和社会关系的结合。爱情要想稳定，除了激情、感情，还要有未来，三者缺一不可。

爱情故事理论

爱情三角理论虽然揭示了稳定爱情的 3 种成分，但仍有一些关于爱情的问题没有回答，比如，一个人是如何找到真爱的？促使人们彼此相爱的历程是怎么样的？有什么规律吗？斯滕伯格和他的同事、学生又调查了大量的真实夫妻，让他们说出自己的爱情故事，以探究竟，结果很有意思。斯滕伯格发现，人们会以多种故事形式描述自己的爱情，而不同的故事本身就暗含恋爱双方彼此间的处境、关系以及可能的未来。

真的是这样吗？不信你可以试一下，比如现在让你叙述一下你和另一半的故事，你会怎么讲？又会描述怎样的意象和场景呢？可能你会用到以下类似的说法，如“和他在一起，就像开始了一段崭新的旅程”或“我们的爱情离不开彼此精心的培育，如果无人照料，多好的爱情也会枯萎”等。斯滕伯格总结到，前一种爱情故事是一种“旅行故事”，后一种爱情故事则属于“园艺故事”。

在旅行故事中，两个人都关注未来，有相互协调的意识；但问题是，随着时间的推移，双方对未来的路线可能会产生分歧，如果各自希望独立成长，那么这段关系就暗含危机了。而在园艺故事中，双方都能认识到彼此照顾和关注的重要性，但问题是，双方缺乏自发的关爱，随着时间的推移，热情一过，难以避免婚外情的诱惑。

斯滕伯格分析了不同的故事类型，也有一些有趣的发现。比如女性更喜欢旅行故事，而男性则更喜欢园艺故事。没有一种故事能保证爱情的圆满，而有些故事甚至可能会导致婚姻问题。你可以判断一下自己与周围人的爱情是否靠谱，比如：

“侦探故事”，观点如“我认为有必要观察

伴侣的一举一动”。

“康复故事”，观点如“我需要有人帮助我从痛苦的过去中恢复过来”。

“科幻故事”，观点如“我经常发现自己被某个不同寻常和神秘的人吸引”。

“恐怖故事”，观点如“我发现当我感到伴侣有点害怕我时，我会很兴奋”。

“收藏故事”，观点如“我希望同时与不同的人约会，每个伴侣满足我特定的需求”。

…………

最后，斯滕伯格总结了 26 种爱情故事，并梳理了故事背后可能的爱情历程。他认为，“爱情是一个故事”，不会妨碍我们的选择，反而让我们意识到，“当我们撰写自己的生活与爱情故事时，我们能创造出无限的选择”。

斯滕伯格琢磨出了爱情理论，又通过理论指导实践，所以他的第二次婚姻一直很稳定，维持至今。

爱情的文化差异

爱情是人类文明进化的产物，在不同的文化中，爱情的重点有所不同。拿斯滕伯格的爱情三成分来说，西方人重视的往往是激情，比如在西方爱情经典《罗密欧与朱丽叶》中，罗密欧与朱丽叶两人从相识、相恋到殉情，前后不过几天。英语中的 fall in love（坠入爱河）描述的其实就是这种爱情。这种爱情起始的时候，两人往往一见钟情，来势凶猛。之所以人们说“坠入爱河”，而没有人说“坠入友河”，是因为这种爱情就像人一不小心掉入河中一样，“扑通”一下就爱上对方了；而人与人之间的友情很少会“扑通”一下就发生的。罗密欧与朱丽叶的爱情，没有理智，不问缘由，几天之内，为爱生，为爱死。

而在中国，人们更羡慕的是梁山伯与祝英台那样的爱情。很明显，梁祝的爱情是典型的亲密之爱，友谊之爱。他们之间的爱情并非一见钟情，而是在“同窗共读整三载”中逐渐形成的。这种爱情更多的是“感情”，缺少“激情”。几年的时间里，他们朝夕相处，却没有表现出任何身体方面的欲望，这在西方人看来，是很难理解的。中国人就喜欢这种没有性冲动的爱情，觉得它更纯、更持久。

总之，我们从东西方经典爱情故事中可以看出，在东方文化中，人们更认同的是伴侣式的、以友谊为基础的爱情。而在西方文化中，人们更倾向于来势凶猛、欲火中烧的爱情。

所以，当你读到斯滕伯格的爱情理论时要注意，中国人的爱情故事可能与他的研究不同。中国人的爱情稳定，可能不仅仅包含亲密、激情和承诺这 3 种成分。比如，我认为用斯滕伯格的爱情三角理论解释中国人的爱情就太不够用了，后者的讲究一本书都说不完。

爱情长久之策

爱情三角理论谈的是爱情的结构，爱情故事理论谈的则是爱情的发展。但其实，对现实生活中的人来说，更重要的是两个人如何生活，如何保持爱情的温度，让爱情更长久。

作为爱情专家，斯滕伯格本身也是“二婚”人士，以他的个性，对这种问题，不可能不研究。以下就是斯滕伯格研究出来的能让双方关系经得起考验的指标性因素：

一是沟通和支持。这一点最重要。我们想要的伴侣，不仅能有效地表达自己的真实感受，也能专注地倾听对方讲话。爱人之间有矛盾不是问题，彼此不沟通、不相互支持才会导致更大的问题。有研究发现，在真实的婚姻生活中，幸福的夫妻与不幸的夫妻的吵架频率并没有差异，区别在于双方出现矛盾后能否有效沟通。

二是理解和赏识。每个人都希望别人理解和赏识自己，然而大多数人都感觉别人对自己赏识不够。两个人在刚开始相处时，很容易理解和赏识对方，但当感情确定之后，双方往往变成彼此的挑错专家，专门审视对方的短处，这往往成为关系稳定的障碍。双方相互欣赏可以促进关系稳定，而随时挑对方毛病，会成为情感的大敌。

三是宽容和接纳。从长远来看，宽容和接纳是促使关系顺利发展下去不可缺少的因素。在短暂的关系中，双方可以对对方的不足视而不见；但在长期的关系中，难免彼此指责。需要知道的是，世上没有完美的爱人，彼此对对方的弱点要睁一只眼闭一只眼，因为宽容和接纳才是维系关系的长久之计。

四是灵活和变通。如果对方实在接受不了你的某些“特点”，为了长期的关系，你可以适当地灵活改变，这也是一种解决办法。在生活中，不需要两个人都坚持原则，而是彼此相互磨合、相互适应。你不要太自信，总觉得自己才是正确的。有个案例是这样的：有一位女性觉得她丈夫吵着要和她分手简直是疯了，然后让她丈夫去看心理医生。结果，她丈夫回来后，有了更坚定的分手的勇气。

五是价值观和能力要一致。“不是一家人，不进一家门”，如果你总认为对方所做之事没有价值，不值得为之感到自豪和表扬，无法认可对方的成就，也无法像当初一样为对方喝彩，时间久了，两个人就没有共同话题了。

你可能觉得这听起来有些老生常谈，但所谓大道至简，斯滕伯格不仅得出了这些结论，而且“二婚”美满至今，“爱情大师”并非浪得虚名。有意思的是，斯滕伯格后来的爱情心理学著作，都是和他现任妻子合作完成的。

本讲开头提到的吴桂君的诗歌，更多的是在讨论对方的个性品质，而没有涉及彼此的互动以及相互价值观的贴近，这种爱情观只是诗人构建的一种美好想象，并不现实。所以，还是要提醒一下，爱情需要诗歌，需要理论，更需要实践，只有在实践中才能体会爱的真谛。否则，即使你懂得了许多关于爱情的道理，没有亲身实践，到头来依然孑然一身。每个人都有权利，也应该主动去寻求爱情，不必担心理论是否完善，“游泳只能在水里学会”：遇对了是爱情，爱错了是青春。

“三论”教授

说到斯滕伯格，我们可以称他为“三论”教授。为什么呢？还记得苏文茂老先生的那段经典相声《批三国》吗？里面有一段说到《三国演义》为什么要叫这个名字，是因为书中带“三”的回目比较多，比如“桃园三结义”“三英战吕布”“三顾茅庐”“三气周瑜”等。依照这个逻辑，斯滕伯格就是“三论”教授，因为他提出的理论有一个特点，很多都带“三”字，比如：

关于智力，他提出了智力三元论；关于爱情，他提出了爱情三角理论；关于憎恨，他提出了憎恨的三因素理论；关于创造力，他提出了创造力三维模型理论；关于思维管理，他提出了思维三类理论……

既然斯滕伯格提出了这么多的理论，那么，他的智商一定超常吧？还真不是。斯滕伯格小时候参加过智力测验，结果显示他的智商太低，不过并不是因为他不聪明，而是因为他在考场焦虑，发挥失常。测完智商之后，大家都认为他智商低，这让他很恼火。斯滕伯格对此耿耿于怀，不服气，便跟智商较上劲了：凭什么说我智商低！这种智力测验一定有问题！为了证实自己的想法，他研究了半辈子，并批判了传统的智力测验及理论，然后提出了智力三元论，因此成名成家，成了心理学大师级的人物。

在奠定斯滕伯格学术地位的《超越 IQ》一书出版 10 年后，另一个姓斯滕伯格的孩子进入了一所小学，他的入学阅读测验考砸了，被分到了水平最差的阅读小组。虽然他平时的阅读表现很好，但学校仍然拒绝将他转入优秀的阅读小组。具有讽刺意味但毫不令人感到意外的是，这个孩子最终证实了传统智力测验存在的问题，最后考入耶鲁大学。这个孩子是谁呢？他就是罗伯特·斯滕伯格的儿子——在父亲身上发生的故事在儿子身上又重现了。

不过，相对于智力，爱情故事一般不会遗传，每个人都会有独一无二的、属于自己的爱情经验。

20 Wisdoms From Psychologists

第三部分

沟通与社交

14

当朋友向我唠叨他的烦心事时，我该怎么帮他

当事人中心 · 罗杰斯

我们在生活中常常会遇到这样一种情况，就是朋友在工作或情感上遇到了一些问题，来找我们倾诉。那么在这个时候，我们该怎么安慰他呢？

是劝他想开点，以阳光心态面对工作、情感上的挫败，比如跟他说，“领导批评你，是因为他重视你，他眼中有你，毕竟还没有开除你”或“失恋没什么，旧的不去新的不来嘛。三条腿的蛤蟆不好找，两条腿的人多的是，所谓‘中华儿女千千万，这个不行咱就换’”，还是找个地方让他欢乐一下，用开心来抵挡忧愁？抑或是陪着他，什么都不说，直接给他递纸巾？

面对朋友有了烦心事，我们该选哪一种安慰方式呢？

作为有同情心的良善之人，我们常常会因为周边亲朋好友的不良遭遇而心生同情；同时，在他们倾诉的时候，我们也试图尽全力帮助他们。但显然，只有同情心是不够的。安慰人心也需要知识和技巧，否则容易“好心没好报”，甚至“好心做错事”。

安慰人心，是心理学专业人员最擅长的事了。从某种意义上说，心理咨询师可以说是最会聊天的人。本讲就来谈谈如何把心理咨询技巧运用到实际的人际关系互动中。本讲要介绍的心理学大师，是人本主义心理学的代言人、著名的人本主义心理治疗大师卡尔·罗杰斯。

当事人中心：是咨询技术，也是生活态度

罗杰斯一生不但获得了众多荣誉，而且他创立的当事人中心治疗理论，极大地推动了心理治疗和心理咨询的发展。他也是美国心理学会杰出科学贡献奖和卓越专业贡献奖的双料获奖者，且是史上第一人。此外，罗杰斯还曾因为将理论用于促进国际和平工作而获得诺贝尔和平奖提名。

当时，罗杰斯的理论一直在不断发展，对于自己的

治疗技术，他在不同阶段的说法也不大一致。最初的时候，他采用的叫法是“非指导性治疗”（Non Directive Therapy）；后来是“来访者中心治疗”（Client-Central Therapy），或称“当事人中心治疗”；老了以后，他又改名了，叫“以人为中心治疗”（Person-Centered Therapy）。为了减轻大家的认知负荷，本讲对这些概念不做严格区分，统称“当事人中心治疗”。我们从名称的变化可以看出，这种疗法的内涵变化越来越大，最后已经不局限于心理治疗，更多的是人际互动和人际关系。

从这个意义上讲，罗杰斯的伟大之处在于，他的心理治疗理论不仅局限于心理治疗，还应用在人际关系领域，以及咨询、教育、种族沟通等方面。所以，我们可以像罗杰斯一样，完全从人际互动的角度来看待心理咨询师与来访者之间的相互交流与影响。

罗杰斯倡导当事人中心治疗理念，其缘起也很有意思。

罗杰斯刚做心理咨询的时候，用的也是弗洛伊德式的权威分析加指导的模式，但他发现，有时咨询过程并不顺利。有一次，罗杰斯接待了一位前来咨询的母亲，她说自己的儿子调皮捣蛋，难以管教。罗杰斯就按照弗洛伊德的观点，说这个孩子的行为是由于母亲早年对他的拒绝态度造成的。为了让那位母亲意识到自己的问题，罗杰斯把“童年经历影响一生”等观念详细地说给她听，不过她听不进去，也领悟不到：“为什么孩子的问题成了我的问题呢？”最后，罗杰斯也没辙了。

那位母亲不甘心自己白来一趟，离开的时候问了一句：“你们这里也为成年人提供咨询吗？要不再聊一会儿？”罗杰斯一想：聊呗，反正你付钱。于是，她开始滔滔不绝地说起了自己婚姻、丈夫、倒霉的人生。罗杰斯接不上话，只好耐心倾听。让罗杰斯没想到的是，自己的这种无为而治的态度反而效果很好。

于是，罗杰斯开始反思咨询与人性，最终他认定：“每一个人都有着广阔的潜力可以用于理解自我，改变自我态度和自我导向的行为，只要向其提供具有促进作用的一种可界定的氛围，那么，这种潜力就能被开发出来。”这就是当事人中心治疗理论的核心假设。

那么，如何来营造这种氛围呢？其实核心主要在于心理咨询师与当事人关系的建立。罗杰斯认为，在心理咨询中，最重要的就是“咨访”关系，也就是心理咨询师和来访者（当事人）的关系。咨访关系是心理咨询的基础，建立良好的咨访关系至关重要，如果忽视了咨访关系，就很难获得预期的咨询效果。换句话说，关系是第一位的。

当事人中心如今已经不仅仅是一种咨询技术了，而是成了一种人生方式，一种工作态度和生活态度。接下来，我们来聊聊罗杰斯思想中构建关系的三要素。

关系构建三要素

要素一：真诚一致

真诚指的是心理咨询师要真诚。心理咨询师要以真实的自我面貌出现，不带任何自卫式伪装，以开放、自由的面貌投入到心理咨询中。不过，当事人不见得是真诚的。那么，心理咨询师的作用是什么呢？实际上，心理咨询师需要通过自己的真诚，对自己的情感和态度保持开放，让来访者意识到心理咨询师是毫无保留的，由此获得来访者的信任。这样一来，来访者会用真实的自我与心理咨询师沟通，毫无保留地表现自己的喜怒哀惧，使情绪得到宣泄，并在心理咨询师的帮助下，面对问题，认识自我、调适自我以及提升自我。

真诚会带来信任：以真诚换真诚，才能走进彼此的内心世界。

那么，在人际互动中，该如何来表现真诚呢？

你可以使用非言语性暗示，比如眼神接触、身体前倾等。你也可以对自己的情感和态度采用开放的态度，不过分强调自己的权威等，总之就是别“装”。

需要提醒的是，真诚并不意味着心理咨询师在治疗室内外、过去和现在、对此人此事及对彼人彼事都要真诚，都要毫无保留展现自己。这并不是真诚，而是傻。罗杰斯说，如果把以上这些作为硬性要求，那就没有心理治疗了。实际上，心理咨询师只要在与来访者相处的时间里是真诚一致的就够了。

另外，真诚也不意味着心理咨询师随时、无节制地把自己的内心世界袒露给来访者，如果这样的话，那就不是当事人中心了，而变成了心理咨询师中心。真诚无疑不是为了让心理咨询师表露自己的内心感受，只在必要或恰当时才需要那么做。

关于真诚的重要性，我们可以从罗杰斯自己的真实经历中得到验证。当年，罗杰斯正年轻，新婚燕尔，一切看上去似乎都不错。不过，有一件事让罗杰斯感觉有点问题：罗杰斯是个资深“宅男”，接触的女生比较少，所以他在婚后的性生活没有想象中美好。罗杰斯本人一开始感觉还不错，但他的妻子海伦却常找各种理由推脱，比如“哦，今晚不行”、“我太累了”或“改天再说吧”。怎么回事呢？罗杰斯深深地陷入了思考，后来他想明白了：性生活这件事，不是两个人完成了就好；自己经验少，也不知道妻子有没有达到高潮。该怎么办呢？虽不好开口，但罗杰斯经过思考，还是和妻子说了，因为两口子有共识：任何一方都有必要了解对方的真正需求和想法。说破无毒，就实话实说，结果问题自然圆满解决，两人“涛声依旧”了……

后来，罗杰斯在其专著《成为伙伴：婚姻及其选择》（*Becoming Partners: Marriage and its Alternatives*）中提到，婚姻问题的根源就是失去真自我。人必须摘下面具，与他人真诚沟通。因此，真诚成了他理论中建立咨访关系、人际关系的首要条件。

要素二：无条件积极关注

每个人都有被关注的需求，但在成长过程中，人们在满足个体关注需求的同时，往往还会附加条件，比如“听话，妈妈爱你”“好好学习，老师才会喜欢你”。很明显，“妈妈爱你”“老师才会喜欢你”都是有条件的。在成长过程中，类似的条件不停地附加，结果，人们必须满足某些条件，才觉得自己有价值，而这违背了人成长的本质意义。

罗杰斯强调的无条件积极关注，是把来访者看作有价值、有尊严的人，并予以赞扬和尊重。心理咨询师对来访者特定的思维、情感和交谈方式表现出的积极尊重是无条件的。心理咨询师不能选择性地接纳来访者的某些状态而不接纳另一些状态。这意味着，心理咨询师可能要悦纳一个价值观与自己不同的人，并关注他、认同他、欣赏他、爱护他，让他处在一个安全且温暖的氛围中，使他最大限度地表达自己。如果一个人得到了充分的尊重、理解和接纳，他就很容易朝着良好的方向转变。

无条件积极关注一般包括 4 个组成部分：对来访者的承诺，努力理解来访者，不急于做结论和非评判的态度，以及表现出亲切和关怀。

还要注意的是，无条件积极关注并不是说心理咨询师在对来访者进行治疗的过程中始终都“无条件”地给予其百分之百的积极关注，这种想法是错误的。完美的无条件积极关注只是一种理论，实际上，心理咨询师如果这么做，只会迷失自我。

罗杰斯也认为：“从治疗和实际的层面来看，最恰当的说法是，有效能的治疗者在与当事人相处时，许多时候会感觉到对当事人的无条件积极关注；但他也会常常只是感到自己对当事人有条件的关注，甚至偶尔还有些消极态度，虽然这对治疗效果不利。”

要素三：共情理解

共情，英文写作 empathy，也被翻译成“移情”“同感”“同理心”等，它指的是一种深入他人主观世界，了解其感受的能力。虽然有客观世界的存在，但每个人都生活在自己的主观世界中。要想认识、理解和改变一个人，必须走进他的主观世界中。

罗杰斯这样描述共情：“感受来访者的私人世界，就好像那是你自己的世界一样，但又绝未失去‘好像’这一要素——这就是共情。这对治疗至关重要。感受来访者的愤怒、害怕或者迷乱，就像那是你的愤怒、害怕或者迷乱一样，然而并不会让自己的愤怒、害怕或者迷乱卷入其中，这就是我想要描述的情形。”有两个成语，加在一起能很好地表达共情理解的意思：设身处地、感同身受。设身处地，就是在共情时换位思考，站在来访者的角度认识世界；感同身受，则需要站在来访者的角度感受世界，从而理解其喜怒哀惧。

这对我们有两点启发。一是要让来访者知道自己的问题都是有原因的，其反应是合理的；二是要给予来访者理解性的言语信息，包括表达自己愿意理解来访者的想法、讨论来访者认为重要的事情、用言语澄清来访者的情感、用言语连接或补充来访者内心深处的想法和观点。

在实际的咨询中，很多心理咨询师为表明自己对来访者的共情理解，常常会“嗯嗯啊啊”或简单地重复来访者的表述，有的心理咨询师做得则比较机械，这也成了许多人调侃罗杰斯“罗氏咨询”的靶子。关于罗杰斯咨询中的共情理解，有这么一个笑话：

一位来访者来到罗杰斯位于34楼的诊所，

> 他说："罗杰斯大夫，最近我感到非常抑郁。""哦，你最近感到非常抑郁？""是的，我还很认真地想自杀。""你觉得你可能自杀？""是的，事实上，我正往窗口走呢。""噢，你想往窗口走去。""是的。我正在开窗，罗杰斯大夫。""我明白了。你在开窗。""我准备跳了。""噢，你准备跳了。""我这就……"（他跳下去）"你跳了。"接下来"砰"一声巨响。罗杰斯大夫走到诊室的窗口，朝下看去，并说："砰！"

当然这件事并不是事实，只是业内的一个段子而已。多年以后，罗杰斯说："我听说过这个故事。我的回答，现在是，且永远都是，我绝对不会让他跳窗的。"

共情并不意味着心理咨询师对来访者无原则地认同，其目的在于帮助来访者理解自己的思想、感受。心理咨询师通过共情进入来访者的内心世界，这样就能更有效地与其沟通，并促进其自我觉醒。

安抚人心四部曲

有的人也许会问："本讲不是要讲如何安慰朋友吗？

罗杰斯这种当事人中心治疗的基本观念和安慰朋友有关系吗？”答案是有关系，而且关系很大，原因如下：

一方面，罗杰斯自己就曾说：“心理治疗关系只是人际关系的一个特例，并且同样的规律制约着所有的人际关系。”因此，他将上文提到的3种要素一般化，并将其推广到人际关系中，认为它们是所有良好人际关系的必备条件。他说，无论是在心理治疗师和当事人的关系中，父母与子女的关系中，领导小组成员的关系中，教师与学生的关系中，还是管理者与员工的关系中，促进成长都包括3个条件。由此，罗杰斯也从心理治疗大师转变为20世纪的人际关系大师。

另一方面，不用罗杰斯说，我们来想一想，这种方法连心理有问题的人都能改变，何况普通人呢？很多文献都把思想工作和罗杰斯思想相结合，而我们对朋友的安慰和劝导，不就是一种特殊的思想工作吗？由此也可以看出，当事人中心治疗理论应用范围之广，影响力之深，生命力之强。

然而，将3种要素应用于实践时要注意，安慰、帮助及影响他人是一个连续的过程，不能着急，要循序渐进。借用罗杰斯的理念和技术，我们在做安抚疏导工作时，可以按照以下思路，分 4 个阶段进行：

一是真诚悦纳。用真诚的态度展现你的积极关注和共情理解。万事开头难，“三味猛药”一起下，先让你的朋友产生被接纳的感觉。如果他觉得你不接纳他的思想，不理解他的感受，不能接纳他的一切，只是一味地劝导、评价，那么所有的安慰都是空谈。

二是放松闲谈。当你的朋友感觉到了你的无条件接纳后，心中会有所动，但你不要期望他一下子就说出内心最真实的感受和最深切的想法，如他的哭诉可能只停留在表面。这时候，你要做的可能是先与他谈一些无关紧要的话题，比如让他用旁观者的视角谈谈自己的过去。此时，你不必着急，陪着他闲聊，让他卸下心理包袱，展现更多的自我就够了。

三是回到当下。和你的朋友谈他当下的问题，谈他此时的感受，并帮助他寻找更多词来形容自己的感受。这时候，要让他拆掉影响彼此沟通的心墙，并协助他了解问题的实质及他的责任。

四是忘我之境。帮助你的朋友站在更高的角度，重新理解其当下的问题和感受，让其真实的自我得以展现。这样一来，他对自己经历之事会形成新的理解，建构出新的意义，其内在自我也会得到确认和成长，从而达到新的人生境界。

因此，安抚他人可以按照“悦纳——闲谈——当下——忘我”这4个步骤来推进，进而安慰他人、理解他人并影响他人。

最后，借助罗杰斯的亲身经历，我给大家一些提醒。罗杰斯的当事人中心治疗理论自提出以来，影响越来越大，他个人也因此声名鹊起，自信满满，也就有点“飘”了。后来，一位精神分裂症患者找到了罗杰斯，罗杰斯非得给对方做当事人中心治疗：满含真诚，又是倾听，又是共情，来来往往几个月。结果，患者的精神分裂症不但没治好，罗杰斯自己差点儿崩溃了。罗杰斯终于承认，当事人中心治疗不是对任何人都适用。于是，他把那位患者转介给了他人，他和妻子一起出去玩了一个多月，来治疗自己内心的创伤。

所以说，心理学技巧，包括本讲介绍的罗杰斯的“朋友安慰术”，都是有适用条件的，都不是万能的。

15 我的孩子究竟在想什么

儿童心理 · 皮亚杰

对许多父母来说，如何教育孩子是一个大难题。孩子为什么会有这样那样的表现？他们的小脑袋瓜每天都在想什么？许多父母都为此感到头疼。而要想了解孩子，得从理解他们的心理发展规律开始。

其实，不只一般人想知道自己孩子的内心世界，爱因斯坦也想知道。1928 年，爱因斯坦向一位心理学家提出一个问题："儿童是按怎样的顺序获得时间和速度的概念的？"我们都知道，在爱因斯坦提出的相对论中，时间和速度是相互作用的。比如，速度快到一定的程度，时间就变慢了。爱因斯坦想知道：儿童是怎样理解时间和速度问题的？婴儿在出生时是否就知道了这两个概念呢？还是对这两个概念的理解有先后？在儿童看来，时间和速度又存在什么样的关系？

20 年后，另一位心理学家出版了一部两卷本的书，很好地回答了爱因斯坦的疑问：处于婴儿期或童年早期的孩子无法理解时间、距离和速度。只有到了具体运算阶段，孩子才能掌握这 3 个概念。

这位心理学家就是儿童心理学大师让·皮亚杰（Jean Piaget），他的研究和理论成了现代发展心理学的基础。如何从孩子的角度来观察儿童，理解儿童？孩子又该如何带？接下来，我们就依据皮亚杰的研究来谈谈育儿。

育儿要学皮亚杰

在心理学界，皮亚杰的标签是“神童”和“天才”。皮亚杰出身于大学教授家庭，在 10 岁时，他发表了第一篇论文，19 岁时，在 20 多家学术出版物上发表作品，22 岁获得博士学位，之后进入心理学领域，后来成为享誉世界的儿童心理学大师。

在心理学界，皮亚杰绝对是一个如雷贯耳的名字，尤其是谈到儿童发展及教育，可以说“养儿不识皮亚杰，便称慈父也枉然”。英国著名的发展心理学家彼特·布莱安特（Peter Bryant）说过：“没有皮亚杰，儿童心理学就微不足道。”

我简单解释一下发展心理学与儿童心理学的关系。一开始，学者把研究孩子心理的学问叫“儿童心理学”；后来，这一研究领域逐步扩展，开始囊括青少年心理、成人早期心理，于是改称“发展心理学”；现在，这一研究领域又开始囊括成年人和老年人的心理。当前，心理学界普遍把这样一门研究人一生的心理发展变化的学科叫“毕生发展心理学”。而皮亚杰的心理学是以儿童发展为主题的。

心理学家如何研究孩子

育儿要学皮亚杰，但皮亚杰的理论并不好学——不仅外行人不好学，甚至心理学界的人一开始在学习皮亚杰的理论时，也会感到云里雾里。原因有以下两点：

一是皮亚杰太勤奋，著作太多。在心理学界，写书最有名的人应该是科学心理学的创立者冯特。冯老先生是典型的学霸兼工作狂，他写的书加起来有 5 万多页，这是一个什么样的概念呢？有人算过，如果一个人一天读 60 页，那么通读一遍大概要两年半！然而，他仍然比皮亚杰稍逊一筹。皮亚杰写了 50 多本书，总共 6 万多页！这些心理学家只顾着自己勤奋了，根本不考虑后来人学习的艰辛。

二是皮亚杰原本是生物学、哲学出身，之后才研究心理学，他在阐述自己的心理发展理论时，创建和利用了一些哲学术语和生物学术语，使得理论艰深晦涩，不易理解。而且，皮亚杰是瑞士人，读写用的都是法语，翻译成英语后再转译成中文，这样一来，许多词语变得非常“不亲民”，比如“同化”“顺应”“图式”“具体运算”“形式运算”“假设—演绎推理”等，听着都让人头大。

这么重要人物和理论，但又这么难学，怎么办？别着急，我会选择其研究及理论的要点，先“翻译”成普通话，再说给你听。

先来说说皮亚杰的研究历程。博士毕业后，皮亚杰在巴黎为心理学家西奥多·西蒙当助手，研究的是儿童智力测验。受西蒙的委托，皮亚杰在一所小学对儿童智力测验进行标准化。不过，他对儿童智商差异的问题兴趣不大，但对儿童智力测验过程中一些孩子总出现类似错误的问题感兴趣。实际上，皮亚杰更关心的是，在发展过程中，儿童的心智能力是如何发展的。

虽然皮亚杰感兴趣，但没有儿童被试，他没法研究啊。后来，皮亚杰到了日内瓦大学卢梭学院担任研究主任，其间，他和一个女学生恋爱并结婚，之后生了3个孩子。这回，家里自备“被试”了：皮亚杰自己的孩子自己看护，而他后来的发现也主要源于他对自己3个孩子的观察和研究，他采用的方法基本是弗洛伊德的临床访谈法。不过，弗洛伊德是把这种方法用于来访者，而皮亚杰却把它用于自己的孩子，以研究儿童心理发展。皮亚杰的研究实质，就是有目的地和孩子聊天，问问题，比如以下这种形式：

皮亚杰：风是怎样形成的啊？

孩子：树形成的。

皮亚杰：你是怎么知道的？

孩子：我看到树在挥舞手臂啊。

皮亚杰：那怎么样才能产生风呢？

孩子：（挥手）像这样，只不过树比我更大，并且有很多树，（一起动）风就来了。

皮亚杰：那海上的风又是怎么形成的呢？海上没树啊？

…………

孩子被问蒙了。皮亚杰据此来琢磨孩子回答问题背后的心智过程。之后，他的一部部的著作就产生了，他也成了儿童心理学大师。

给当代父母的教养启示

父母教育孩子，最重要的是把握以下两点：

一是理解孩子，必须站在孩子的角度看问题。在皮亚杰之前，孩子被看作是“小号的成人”。这一观点长期统治着东西方的思想界。西方的经验主义哲学家认为，孩子大脑的工作原理和成人完全相同，只是孩子的联想能力不如成人完善；而一些先验论的心理学家则认为，对于有些概念，孩子先天就知道，比如“时空”“数量”等，而且孩子生下来就有运用它们的能力。在东方，正如《三字经》《百家姓》等蒙学教材所展示的，人们同一样把孩子当作“小号的成人”来培养和教育，而不管孩子的心理发展水平如何。

皮亚杰改变了这一切。他认为，儿童的心智和成人有根本的区别，儿童的心理发展有其独特的逻辑。在著名的客体永久性实验中，皮亚杰创造性地说明了儿童世界与成人世界的不同。

客体永久性指的是，当物体不在我们的感知范围内时，我们依然认为它是客观存在的。举个例子来说，倘若有个人来到你面前，把你手中的书拿走了，然后进了另一个房间，这时你会认为那本书和拿书的人已经不存在了吗？你当然不会这么认为。书和人已经在你的脑海中形成了概念，即便你看不见、摸不到，你也知道他们依然存在。皮亚杰认为，这种能力不是人生来就有的，他通过实验证明，人对客体永久性的认识是在 8 个月大时才开始发展的。在此之前，给孩子一个可爱的玩具，他们会伸手去抓它；而在孩子抓住玩具前用一块布盖住玩具，孩子会停止抓取，然后把注意力转向别处，似乎玩具不再存在一样。这个实验最初的“被试”就是皮亚杰的孩子。

孩子为什么喜欢藏猫猫？因为你一藏起来，他们就觉得你不存在了；你一出现，你在他们的世界中又存在了。这种躲躲藏藏给他们带来了不断的惊喜。

因此，孩子眼中的世界和我们眼中的世界不同。要想理解孩子，必须站在孩子的角度看问题。但是，说起来容易，做起来并不容易。许多父母常犯的一个错误是，用成人的视角看待孩子，把他们当成“小大人”，从而误解了孩子，甚至对孩子进行不当教育，影响了他们的发展。

比如，许多人就误解了撒谎的孩子。一听到孩子撒谎，成年人往往感叹“小孩子不学好”，接着是一系列思想品德教育。在成年人的世界里，撒谎会令人唾弃，而如果站在孩子的角度来看的话，他们撒谎可能仅仅因为心智还未成熟，难以分清现实世界和想象世界。在孩子的眼中，现实世界和想象世界都是真实可信的。结果，他们讲出来后，却遭遇了一番训斥，必然感到失望与懊恼。另外，如果孩子很早就撒谎，其实也是智商发展的标志，因为根据心智理论，孩子只有正确理解了自己看到的世界与他人看到世界的区别，才能“有效”地骗人。一辈子不撒谎的，要么是圣人，要么就是智力有问题的人。

再比如，许多人也误解了叛逆的孩子。孩子的叛逆来自独立性的发展。随着身心发展并逐渐成熟，孩子会向成年人骄傲地宣告：我长大了！而在成年人看来，这往往就是不听话，甚至是叛逆。其实，孩子的叛逆也有不同阶段：小时候，他们爬上桌子，这时父母会叮嘱不要跳，但他们偏偏选择跳下来。遇到这种情况，父母不必气恼，从孩子的角度来看，他们只是兴奋地意识到：我的身体我做主。进入青春期后，孩子凡事都会跟父母对着干：父母说东他偏说西，父母让他向南他偏向北。这时，父母也不要生气，从孩子的角度来看，这只是他们的“成人宣言”：我的思想我做主。他们可以跟父母对着干，但父母不能跟他们对着干。

皮亚杰的自我中心主义认为，处于前运算阶段的孩子在面对问题情境予以解释时，只会从自己的角度出发，不会考虑别人的不同看法；他们只能主观地看世界，不能客观地进行分析；他们也无法从他人的角度来看问题，只能以自我为中心，从自己的角度观察和描述事物。皮亚杰虽然是在描述孩子的表现，但也是在提醒父母：孩子的自我中心表现是成长中的必然，而成年人如果表现得自我中心，那就是幼稚不成熟的表现。父母要想理解孩子，必须抛开成见，掌握孩子的自我中心，并丢掉自身的自我中心，这样才能透过孩子的眼光来看世界。

二是教育孩子必须依据其心理的发展规律。孩子是怎样长大成人的呢？一些人认为，孩子是一天天逐步长大的，一天一点小进步；皮亚杰则认为，孩子是一段一段长大的，到了某个年纪，突然成熟，一下子就明白了许多道理。比如智力发展，教小学低年级的孩子学方程，怎么教他们也学不会，但到了中学，不怎么教他们也容易学会。再比如道德发展，学龄前的孩子只会以自我为中心来思考问题；上了小学，就听老师的话了；到了中学，别人要求怎么样，他们会先看看对方做得怎么样。

具体来说，皮亚杰认为，从出生至儿童期结束，个体的认知发展要经历以下 4 个阶段：

- 感觉运动阶段（0 ～ 2 岁），靠感觉与动作认识世界；
- 前运算阶段（2 ～ 7 岁），开始运用简单的语言符号来思考，有了表象思维能力，但缺乏可逆性；
- 具体运算阶段（7 ～ 11 岁），有了逻辑思维能力和零散的可逆运算能力，但一般只能对具体事物或具体形象进行运算；
- 形式运算阶段（11 ～ 15 岁），能在头脑中把形式和内容分开，思维可以超出感知的具体事物或具体形象，进行抽象的逻辑思维和命题运算。

对于道德发展，皮亚杰认为，在从他律向自律的转换过程中，儿童的道德发展也会经历 4 个阶段：

- 自我中心阶段（2 ～ 5 岁），只按照自己的意愿接受外界准则；
- 权威阶段（6 ～ 8 岁），会尊重权威和尊重年长者的命令；
- 可逆阶段（9 ～ 10 岁），认为在规则面前或同伴之间存在一种可逆关系，即“我要你遵守，我也得遵守”；
- 公正阶段（11 ～ 12 岁），道德观念开始倾向于公正，当然这种公正观念并不是一种单纯的判断是非的准则，而是一种出于关心与同情的真正的道德。

当然，无论是对于认知发展还是道德发展，皮亚杰的理论都得到了一些证实。后来，在更多研究人员的努力下，他的理论不断得到修正，这一过程仍在进行中。

当然了，父母不必了解那么多儿童发展的细节，但有一个原则须牢记：在儿童发展的不同阶段，其认知和社会观念有所差异。所以在育儿过程中，父母必须根据孩子心理发展特性有所侧重，把握关键，这样才能因材施教，促进孩子的发展。

基于心理发展规律来教育孩子基本已是共识，但这种观念能否转化成真正的育儿实践，依然是个问题。比如，当前的诸多育儿理念是否适用于孩子的每个年龄阶段？根据皮亚杰的理论，互联网和朋友圈的一些育儿文章或看似很有道理的说法，用在自己的孩子身上不一定合适，也不一定有效果。

举个简单的例子，许多父母在谈到自己的育儿经验时，会说自己是如何与孩子平等相待，如何与孩子做朋友的，结果孩子发展得不错。而另一些父母可能会说，就是要当“虎妈”“狼爸”，不能给孩子好脸。这两种观点好像都有道理，那么该听谁的呢？父母要和孩子做朋友吗？还是端着父道尊严不放，认为孩子不打不成才呢？

根据皮亚杰的理论，这两种观点都有道理，又都有不足。父母的育儿之道没有绝对的对错，但一定要遵循孩子的发展特点，采用不同的策略。如 6 ～ 8 岁的孩子，他们正处在道德发展的权威阶段，他们会尊重权威和年长者的命令，此时，权威型父母肯定会对孩子的教育有所促进；而如果父母每时每刻都以朋友的身份与孩子对话，就容易让孩子无所适从，甚至是以民主教育之名，行溺爱孩子之实。

孩子到了中学，权威型父母就不吃香了，因为此时，孩子到了道德发展的公正阶段，他们希望父母与自己能公平公正地交流。所以，以平等相待的朋友身份来定位自己的父母，更受孩子的欢迎。

一些父母，尤其是一些事业有成的所谓“女强人”型母亲，经常容易犯的一个错误是，在孩子上小学之前，事无巨细地照顾和管教孩子，这个时候，这一切对孩子是受用的，孩子发展得很好，母亲也容易因此而自信。但当孩子到了中学，他的心理发展需求不一样了，而母亲却没有因此改变教育策略，这样一来，亲子间的冲突和矛盾就不可避免了。我们所见的“女强人”型母亲养育的孩子，到了中学以后问题很多，原因多半在此。

权威型父母或朋友型父母，并不能“通吃”所有年龄阶段的孩子，教育孩子，必须考虑其心理的发展特性。

所以，父母要想知道孩子在想什么，就要从孩子的角度来看问题，根据孩子的发展特性进行教育。另外，自己的孩子不能托付给别人教育，还得自己教。

现在，互联网上的一些关于亲子互动的小视频很受欢迎，比如一些父母辅导孩子作业的视频很火，其主要内容常常是孩子因为写不好作业而上火，父母因为教不会孩子也上火，结果父母叫，孩子哭，好不热闹。你不妨试着用皮亚杰的理论来解释一下其中的原因，看看这些父母的问题出在哪里。现在你是不是已经想到解决办法了呢？

16

别人施压时，我如何开口说“不”

社会影响 · 米尔格拉姆

在单位，领导给你安排了一项任务。你不擅长，也不喜欢，而且又不是你分内之事，你心里百般抵触，但毕竟“官大一级压死人”，况且你仍然期待能得到领导的好评，最后你还是应承了下来。

在路上，朋友打电话给你，说彼此好久没聚了，今天晚上来聚一下，已经定好了房间，就等你了。而你工作了一天，满身疲惫，心中最大的愿望就是赶快回到家休息一下。但对于朋友的邀约，你又难以回绝，毕竟真的是多日未见了，最后你只好答应见一下。

在家里，老家的父母打电话跟你说一个远房亲戚的孩子要来你在的城市求学，让你照顾一下。自顾不暇的你对这种八竿子打不着的亲戚实在没兴趣，但碍于父母和亲戚的情面，你只好打起精神好好地接待了一番。

…………

我们在生活中常常遇到一些让自己为难的事，虽然自己不大情愿去做，但很难拒绝，尤其是当对方是领导、父母或朋友等权威人物或重要人物时。有时，对方甚至仅仅是一名业务熟练的销售人员，因为对于所卖的商品而言，他是一位专家。每个人都希望能坚持做自己，但在生活中，他人的影响无处不在，无时无刻不在左右我们的思维与情感。

那么，如何才能屏蔽他人的影响，坚持自我呢？

电醒人心的实验

其实，心理学实验早就发现，每个人都容易成为盲目的服从者。这项实验就是令人击节赞叹同时又备受争议的权威服从实验。该实验说的是一个人在权威的指引下甚至可以杀人。当然，实验中并没有人真的被杀，但这项实验给我们带来了很大的启示：这些自我感觉良好的个体，无法想象自己在别人的指引下，竟然能干出令自己吃惊的事。知名社会心理学家埃利奥特·阿伦森（Elliot Aronson）[①]评价这项实验为“社会心理学最重要，也最受争议的一个实验”。

这项实验的设计者是一名非主流的心理学家：斯坦利·米尔格拉姆（Stanley Milgram）[②]。米尔格拉姆师从名师——人格心理学大师戈登·奥尔波特（Gordon Allport），他的博士论文导师是著名的设计从众实验的所罗门·阿施（Solomon Asch）。为什么说米尔格拉姆非主流呢？因为他获得的荣誉和奖项不多，也没有当过美国心理学会会长，在这些方面，他确实乏善可陈。不过，他做的研究，影响大，争议也大；发表的文章虽然层次不高，但多项研究都成为学科经典。

---

① 作为20世纪最杰出的心理学家之一，阿伦森在其自传《绝非偶然》中讲述了自己从平庸到卓越的成长历程，并详述了社会心理学的诸多代表性实验，该书已由湛庐策划、浙江人民出版社出版。——编者注

② 关于米尔格拉姆的更多事迹与研究，可参见讲述其传奇一生的传记《好人为什么会作恶》，该书已由湛庐策划、浙江人民出版社出版。——编者注

米尔格拉姆做这项惊人的实验时还很年轻，当时他刚博士毕业，在耶鲁大学教书。实验的被试来自纽黑文20～50岁的各色人等，并没有像常见的心理学研究那样，用大学生做被试，为什么呢？

一方面，有人听说米尔格拉姆要用大学生来研究攻击行为，就说不能用耶鲁大学的学生，因为这些学生个个攻击性太强，稍加挑拨，他们就恨不得干掉对方。所以，研究这些学生而得到的结论不见得对普通人适用。对此，米尔格拉姆很不开心，于是他就想着找平民大众来试试。

另一方面，实验经费批下来的时候，学生马上就要放假了，但米尔格拉姆又着急做实验，所以他没时间等秋季开学。于是，在1961年6月18日，米尔格拉姆就在《纽黑文纪事报》(*New Haven Register*）上登广告招被试了。

实验开始了，被试被告知要参加一项有关学习与惩罚的实验：两个人抽签，一个当老师，一个当学生；老师要监督学生的学习，学生如果犯错，老师就要对其进行惩罚。

米尔格拉姆也用了心理学实验中惯用的小技巧，即隐藏实验的真实目的，对真正的被试进行“欺骗”，包括：

> 实验的目的不是学习与惩罚；
>
> 其中的一名被试是实验同伙，并非真的被试；
>
> 抽签时，两个签上写的都是老师，所以真的被试一定是老师。

假设你是一名被试，抽到了老师的任务，你要给学生出题。你面前有一台仪器，上面有一系列按钮，标注着不同的电压值，以 15 伏的间隔递增，包括 30 伏、45 伏、60 伏……一直到 450 伏。如果学生回答错误，你就要按下按钮，对学生实施电击——学习与惩罚嘛。同时，一名实验专家会在一旁指挥你：学生犯错，他就提醒你按按钮，你就电击学生。

随着学生犯的错误增多，实验专家会指挥你增加电压……这时候你发现，那名学生有些笨，犯错越多越挨电，越挨电越糊涂。实验专家则在一旁坚定地告诉你：只要学生犯错，就继续增加电压。那么，你觉得在实验专家的指挥下，你最高能把电压增加到多少伏？有没有人会把电压增加到 450 伏呢？

按常理来说，30 伏的电压会让人“哆嗦”，450 伏的电压一定会让人死翘翘。你当然不会当着别人的面杀人啊，也没有人这么干吧：参加个实验而已，犯不着杀人啊。然而，你不要太“自信”。实验结果令人惊讶：在实验专家的指挥下，65% 的被试在当老师时，将惩戒的电压增加到了 450 伏！换句话说，这项实验告诉我们：大部分平时温良恭俭的良好市民，在别人的指挥下是可以杀人的！

1961 年暑期，28 岁的米尔格拉姆以耶鲁大学心理系助理教授的身份完成了这项实验。此后，从心理学界到社会其他领域，这项石破天惊的研究引起了多方争议，也对很多领域产生了深远的影响，一直持续至今。

米尔格拉姆提醒我们：社会压力深深地影响着我们的行为。在权威人物的命令下，即使没有武力胁迫，善良的普通人也可以实施不道德的活动，恶行并非恶人的专利。在社会压力下，我们更应该警惕“平庸之恶”。

毫无疑问，米尔格拉姆的研究意义深远，但也引发了一些研究伦理争议。在他的实验设置中，一些被试迫于实验专家的压力，将电压增加到了 450 伏，这相当于杀人了，这会不会对被试造成心灵伤害，使他们怀疑人生？虽然米尔格拉姆一直用各种证据来证明其实验设置的无害性，但心理学界依然提出了不同的观点。结果，这项实验直接促成了美国心理学会伦理审查委员会的成立。现在，心理学家做实验，必须通过伦理审查委员会的审核。如果你有机会参加心理学实验，想找到像米尔格拉姆做的这种“刺激”的实验，基本是不可能了。

此外，为了引起逼真的心理感受，现在社会心理学实验欺瞒被试的设置已经很常见，但在当时，类似的处理比较少，将欺瞒手段玩到米尔格拉姆的程度，更是少之又少。因此，米尔格拉姆的这项实验也引发了“实验方式残忍、充满欺骗”的评议。

有一次，曾有人向米尔格拉姆介绍了一位女心理学家，但这位女心理学家却傲慢地转过头，说了一句：“你这个混蛋！”就不理他了。后来，米尔格拉姆在采访中自我安慰：“对此我表示理解，那年她离婚了，可能是拿我撒气。”

压力之下的抽身之法

米尔格拉姆的实验警示人们：人心脆弱，大部分人其实并不会像自己想象的那样坚持原则，都太容易被生活环境左右了。捷克作家尤利乌斯·伏契克（Julius Fucik）就曾说过：“人们，我是爱你们的！你们可要警惕啊！”

你可能会问，既然这样，该做些什么呢？如何做才能不被别人左右？又该如何面对生活中隐藏的“依从情境”呢？

一方面，你要知道，在你的人生中，你可能会经历很多如下情境：一些权威人物向你施压并迫使你遵从他们的要求。这些人，也许是政府官员，也许是军队领导，也许是公司高层，等等，他们的要求可能是不道德的、违法的、邪恶的。当然，这种情况也可能发生在医生与护士、老师与学生、父母与子女之间。怎样做才能顶住压力？又该采用什么样的心理对抗策略呢？

在理解了米尔格拉姆研究的基础上，你要对一些无来由的压力保持警觉：没有不可置疑的人。现代社会，你不能不加批判地接受任何人的话。一些权威人物希望你不假思索地执行命令，但思考并做出自己的决定是每个人的自由。在不正常的压力情境下，你必须有勇气对自己说“停”，从即时的、进行中的“要求”任务中退出来，然后思考和理解所有问题的实质。在没有认真思考的情况下，或者在没有与自己信任的、将自己的利益放在心上的人进行讨论的情况下，你不要做任何决定。面对压力，你要敢于喊“停”，给自己留出思考的时间。

另一方面，你也要知道，在日常环境中，很少有人会要求你违背良心，杀人放火。更多的时候，是许多商品或思想的“推销员”设置某种依从情境，对你进行暗含胁迫的要求，以期你最终受到他们的影响。在当下的商品社会，在信息无处不在的互联网时代，这种事经常发生。

举个例子，你每次去商场、超市购物，买回来的东西是不是都比你当初预想的多？你有没有这样的经历，去商场本来只是想逛逛，结果遇到一位热情的销售员，对方给你端茶送水，妙语连珠、满脸笑容地为你推销一件你并不太中意但也不讨厌的商品，也就是可买可不买的商品。此时，你难以抵挡，最后想：反正也花不了多少钱，还是买点试试吧。其实，类似的推销手段层出不穷，无论是商品还是思想。这时候，如何在不伤害他人感情或保持礼貌的情况下，轻松抽身而出呢？以下策略可供参考。

一是要相信自己的直觉。当你处于压力情境时，可能理解不了事情的是非曲直，但直觉不会骗你，当你有“似乎有什么不对劲”的感觉时，你要马上停下来。就好比有的领导是“老色棍”，以关怀为名对一些女孩子动手动脚，他的行为属于真正的关怀还是性骚扰？有一个标准，即他的言行是否让女孩子感觉不舒服，如果女孩子感觉不对劲，那就是性骚扰，赶紧叫“停”，脱身是正途。记住，在复杂的情境下，来不及思考的时候，直觉往往会做出准确的判断。

二是不要轻易接受他人呈现给你的对当前情境的解释。尤其是在一些商业推销的场景下，每个人追求的既定利益不同，很多人会以“为你好”为名，行“骗你钱”之实，这是很常见的事。对方的利益与你的利益可能并不一致，很多时候，你不必为对方的利益埋单。

三是找好同盟。在米尔格拉姆的权威服从实验中，如果一旁还有另一位老师，他会反抗实验专家的命令，及时叫停实验，那么大部分真正的被试往往就不会一直持续增加电压。在社会压力的情境下，有了同盟，人就更容易维护自己的利益。比如你去逛街的时候，最好找一个有主意、能砍价的闺蜜与你同行。

四是反对要趁早。在米尔格拉姆的实验中，被试做出反抗的时间越早，坚持到最后并增加电压的可能性就越小。所以，感觉不对，赶紧撤退，不用听他人胡乱解释，听多了，一不小心会陷入他人设计的依从情境中。下次如果有推销电话打来，别理它，赶紧关掉拉黑。

五是做好预案。每个人的生活都离不开社会环境，而在这样的环境中，难免存在左右自己的人。无论你是去商场，还是去见领导，都要做好应对方案，这样就不容易违背自己的本心去行动了。不过，在压力情境下，你往往还会顾及“面子”问题：你很在意他人对自己的印象，结果做出了自己预期之外的决策。对此，我的建议是，别怕丢脸与犯错，在正常的环境下，人可以犯错，也能因此而道歉。

总之，拒绝别人的要求难，拒绝权威人物的要求更难。在一个强调长幼有序的社会，坚持做自己并不容易，保持警惕非常重要。必要的时候，学会说“不”。

小世界·大人物

米尔格拉姆的研究确实可以说是天才之想。虽然他在50岁时因病去世，且留世的研究也不多，但他的研究几乎个个都经典。能称得上经典的心理学研究，要么研究内容有新意，要么研究方法有创新，要么研究结论有超越，而米尔格拉姆的研究在这3方面都做到了，原创度可以说非常高。

你听说过“小世界理论”吗？它又叫“六度分隔理论”（Six Degrees of Separation），具体内容是：“你和任何一个陌生人之间所间隔的人不会超过5个，也就是说，最多通过5个人，你就能认识任何一个陌生人。”根据这个理论，你和世界上的任何一个人之间只隔着5个人，比如你和刘德华、林志玲等，无论对方在哪个国家，属于哪个人种，是哪种肤色。真的是这样的吗？在如今这个互联网时代，人们对这个问题的兴趣愈发浓厚，数学、物理、脑科学、互联网等多个领域都在探讨。包括数学模型在内的多方面研究显示，只需很少的几个步骤，你就可以贯穿整个网络，这是一个普遍性规则。也就是说，小世界理论在更广阔的领域也适用。有人在研究网络链接时发现，平均只要点击网络链接10多次，就可以从一个网页转到任何一个网页。

小世界理论是米尔格拉姆在1967年提出的。对于这个重大的发现，他当时很随性地发表在了一本科普杂志的创刊号上。在短暂的科研生命中，米尔格拉姆爱好广泛，狂放不羁，虽然做的研究不多，但任何一项研究都令人印象深刻。每次他设计出新的实验，团队一行动，消息就会传遍整个心理系，大家会说："他们又有新玩意了！"

"六度分隔""熟悉的陌生人""城市心智地图"……这些我们今天耳熟能详的概念，都源自米尔格拉姆。他就是这样一位心理学者，满脑子奇特的问题，设计了开创性的研究范式，并得出了超越常识的研究结论。

17

要想成功，比智商和情商更重要的是什么

胜任力 · 麦克莱兰

有的人眼中的成功是升职加薪、当上总经理、出任CEO、迎娶“白富美”、走上人生巅峰。有的人眼中的成功是“谈笑有鸿儒，往来无白丁”，虽居陋室，但其乐融融。对于成功的确切含义，虽然每个人的理解并不相同，但成功无疑是每个人内心的渴望。

那么，一个人若想成功，要怎么努力呢？成功的决定因素是什么：是对领袖忠诚，还是人脉亨通？是智商、情商，还是所谓的“天注定”？

成功的含义太宽泛了，无法讨论，但如果我们把个人的成功限定在工作内容上，那么成功就是以绩效为参考标准的关于一个人的卓越表现。在心理学领域，解决工作表

现、个人成就问题的，往往是管理心理学家，而戴维·麦克莱兰（David McClelland）就是一位管理心理学大师。在“20 世纪最著名的 100 位心理学家”排行榜上，麦克莱兰排名第 15 位；而在管理心理学领域，他是第一人。

人人都有追求成功、超越他人的动机

成功的达成必然以动机为先导。谈到动机，它在心理学研究中并不新鲜。弗洛伊德的精神分析学派通过释梦、自由联想等方法，常常把人们的行为动机归结于本能和性；斯金纳等行为主义者往往通过动物实验，将行为的驱动力局限于吃喝拉撒等基本生存需求上。麦克莱兰则打破这两种学派的研究局限，把研究重点聚焦于高层次需求和社会性动机上，但又与马斯洛所提的尊重需求、自我实现需求等偏“文艺”的划分不同。麦克莱兰的动机划分直指职场成就，一切服务于社会现实的应用层面。

麦克莱兰认为，动机是职业表现中十分关键的一个组成部分，动机水平才是预测个体职场成就的最佳指标。通过广泛研究，麦克莱兰确立了可以预测个体工作表现的 3 大动机：成就需求、权力需求及亲和需求。

成就需求是指人们对做得更好的渴望，是一种卓越的潜意识驱动。有强烈成就需求的人经常会通过评价自己来衡量自己取得的进步。他们树立富有挑战性的目标，但又符合个人实际情况；他们崇尚个人活动，喜欢“计分”类娱乐活动，如高尔夫球和保龄球，也喜欢自己能清楚地看到成绩的工作，如销售等。

权力需求是一种试图影响他人的潜意识驱动。有强烈权力需求的人，经常会认为自己应该反对姿态或以不同于其他人的方式出现。这种人渴望在社会组织、专业社团和工作中处于领导地位，喜欢赌博、饮酒，行为激进；他们也喜欢高压力以及社交性的竞争性运动，如网球或足球；此外，他们还喜欢累积威望，喜欢做能帮助他人或影响他人的工作，如教师、牧师和管理人员等。

亲和需求，也有人翻译成归属需求，这是一种建立温暖、亲密关系和友谊的潜意识驱动。有强烈亲和需求的人经常花较多的时间在亲密的朋友或重要人物身上，而不是其他环境上。他们会定期给他人写信或联系朋友及家人，喜欢团体工作，并且对他人的反应十分敏感。他们也喜欢合作性的、无竞争的活动，如野餐，同时也喜欢能和他人亲密接触的工作，如幼师和顾问。

以上 3 种需求共同影响着人们的工作绩效和成功。例如，高成就需求、低亲和需求和中等权力需求是全世界绝大多数成功企业家的共通特征；而高权力需求、中等亲和需求和成就需求则是有效的领导者、中等企业总裁的共通特征。

值得一提的是，成就动机不仅能预测个人的成功，也能预测国家的成功。

然而，从本质上来说，动机是一种根植于个体无意识的人格特质，因此个人无法充分地意识到自己的动机，自我报告的动机往往掺杂了利益等方面的因素，无法如实地反映个人的实际情况。比如，在面试时，面试官问你的工作动机是什么，你为了获得职位，可能恨不得说工作就是为了展现自己的才智，为了人类的未来。麦克莱兰采用“拿来主义”，修正了传统的主题统觉测验（Thematic Apperception Test,TAT）[①]，继而用来测评人们潜在的动机性质。

在一个典型的测试场景中，麦克莱兰给被试呈现一张

① 一种评估个人态度、动机、思维方式的心理测验。——编者注

性质比较模糊图片，图片中描绘的是人们的日常生活场景，比如在乡村背景下，一位中年男性和一位青年男性倚着篱笆聊天。麦克莱兰要求被试根据这张图片讲一个故事，说明图片中的人物是谁，正在发生什么事情，结果会怎样。根据两位男性聊天的图片，能讲出什么故事呢？是两个人在讨论修房子、种花还是周末聚会？还是中年男性建议青年男性怎样在学校出人头地？又或者两人在讨论度假时见到的美丽风景？事实上，如果一个人在他讲的故事中，充满自我完善、发明创造、当官发财、力争上游等情节，而另一个人在他讲的故事中，两位男性仅仅是在谈电影或欣赏落日，那么两相比较，前者具有更高的成就动机。

麦克莱兰认为，个体想象的内容可以反映其成就动机的高低，即“幻想中的任何事物都具有某种象征性”。所以，在麦克莱兰看来，不用听你述说自己高尚的工作动机，你讲一个故事就好，这样，你真实的成就动机会自然暴露出来。在此之前，主题统觉测验很少被用于商业领域，但经过麦克莱兰的妙手处理，成了帮助企业、组织对不同个体进行评测和选拔的绝佳工具。现在，在一些高端职位的选拔中，这种工具依然被普遍应用。

仅有动机还不够，智商已经过气

除了成就动机，麦克莱兰关于胜任力的研究也是基于现实的需要。当年，美国政府要选拔一批新的外交官，具体工作是驻外联络官，他们需要在各国开展各种外交活动，让更多的人理解和喜欢美国。可以说，他们属于在世界各地“讲好美国故事”的人。在以前，美国政府常用的方法是根据学历、文凭或智商测验等来选拔人才，但效果并不好。美国政府找到麦克莱兰，问他能不能用些新方式，选出更合适的人。

政府项目当然要接，但如何操作这种项目，还真没有先例，原来的学历、文凭、智商测验也不行，那该怎么办呢？凡事都难不倒麦克莱兰，他和自己的同事经过仔细研讨，给出了如下的有效解决思路。

既然美国政府要选拔优秀的外交官，那么首先要看看优秀的外交官是什么样的，他们具有什么样的特质，然后再看看一般的外交官有什么样的特质。再经过两相比较，二者共有的特质，就是做外交官的基本需求；而优秀的外交官比一般的外交官更强的特质，就是做一个优秀的外交官的关键。这应该成为测试与选拔关注的焦点，这其实就是当下各种职业评测中一直在用的胜任力。

所谓胜任力，就是指“能将某一工作（或组织、文化）中有卓越成就者与表现平平者区分开来的个人的潜在特征，它可以是动机、特质、自我形象、态度或价值观、某领域知识、认知或行为技能——任何可以被可靠测量或计数的并能显著区分优秀与一般绩效的个体特征”（Spencer, 1993）。胜任力的英文是 competency，这个单词现在在心理学界、管理实践界应用都比较广泛，有“胜任力”“才能”“素养”“能力”等多种译法。一般来说，专业词汇最好和日常词汇区别开来，所以，“胜任力”或“胜任特征”是比较好的译法。

麦克莱兰用胜任力的思想，比较了优秀外交官与一般外交官的胜任力，构建了新的外交官选拔思路与技术。1973 年，他在《美国心理学家》杂志上发表的《测量胜任力而不是智力》（*Testing for Compentence Rather Than for Intelligence*）一文，标志着心理学界和管理实践界胜任素质运动的开端。麦克莱兰的基本理念是，学历、文凭、智商等只是表层的、完成工作所需的基准性胜任力，而工作的关键在于动机、人格特质、自我认知等深度的、能区分优秀与普通绩效的胜任力。

如何判断一个人是否具有胜任力

说到这里，你可能会有疑问：麦克莱兰的胜任力思路的确不错，但该如何呈现呢？如何测量出优秀者与一般人的区别呢？确实，如果没有切实可行的方法以及具体的操作手段，理想落不了地，一切都是空谈。

麦克莱兰并不是一个空想家，而是一位现实主义的应用心理学家。在研究方法上，他采取了非常实用的策略：有现成的方法，就用现成的。如果没有现成的方法，就想办法在现有的基础上进行改良，以适应现在的需求。他对看图讲故事的主题统觉测验进行了修订以适应成就动机的测量，就属于此类模式。如果没有现成的方法，也没有可改良的选择，那就直接发明新的方法，麦克莱兰对胜任力的探究采用的就是这种模式。

根据胜任力考察的需求，麦克莱兰最终研究出了“行为事件访谈法”（Behavioral Event Interview，BEI）。这是一种开放式的行为回顾技术，通过一系列问题，收集被访者在代表性事件中的具体行为和心理活动的详细信息。简单来说，这种技术的典型做法就是让你说出你在以往的工作中最成功的事件，并详述其背景和你当时的所思、所想、所行以及最后的结果。

有两点需要提醒：一是行为事件访谈法谈的都是过去的事件，其暗含的思想是，一个人对未来的畅想其实没有用，把未来的自己说上天，不如以往真实的工作表现来得更实际。一些研究也表明，过去的工作经历对未来的表现更具有预测作用。二是行为事件访谈法的重点在于行为。虽然它需要人们对以往事件进行描述，但核心是考察其间的行为表现，因为只有行为才容易考察、测量与训练。而且，重点考察行为也是未来人才管理的实际需求——不玩虚的。

通过访谈你就知道，优秀者的成功案例和一般人的成功案例是不一样的。举个例子，三国时期关羽的成功事件可以说是“温酒斩华雄”，而你自己的成功事件，顶天是“夜下追小偷”。对优秀者与一般人的成就事件进行比较，并总结出其间的特质差异，这样，一份工作的胜任力模型就产生了。

对于麦克莱兰的成就动机理论以及胜任力研究，后来的学者与实践工作者又不断地进行了完善，现在依然是许多企业人才培训与选拔的重要依据。麦克莱兰的观点也彻底改变了企业招聘规则，现在的企业招聘很少测智商了，胜任力则成了许多人力资源经理的最爱。经历过面试求职的你一定会遇到类似下面的提问："对于这个岗位，你以前有类似的经验吗？""你能不能说一个以前工作中最能代表你工作能力的事件？"……这种面试中的常见问题套路，就源自麦克莱兰。

成功者必需的胜任素质

借助麦克莱兰的研究，越来越多的学者与公司参与到胜任力运动中来，并发展出了不同岗位的胜任力模型，这些模型描述了成为某一行业佼佼者的各种特质。后来的研究者又总结出了各项职业中最常用的胜任力。换句话说，如果你想在自己从事的职业中出类拔萃，仅有高智商和不错的文凭是不够的，一般来说，以下这些因素更能决定你的成就高低。

一是成就特征。这种特征和麦克莱兰描述的成就动机紧密相连。你是否拥有主动追求事业的欲望，是否关注工作发展规律以及工作成效，这将成为你事业能否取得成就的首要因素。假如你大学毕业多年，不妨询问一下你的大学同学的职业发展，你很可能会发现，当年学习成绩最好、智商最高的那个人，往往不是世俗意义上最成功的人；而当年那些智商可能并不如你，但却始终不断孜孜追求的人，往往发展得更好。

二是助人特征，也是服务特征。这种特征要求人具有较强的洞察力及较高的客户服务意识，能够敏锐地意识到对方的需求，并想为之服务，通过让别人得到更好的照顾，进而更好地发展自己。以自我为中心的人在这方面往往有所不足。所以，如果一个人看不出周围人的脸色，他在事业上就难有起色。

三是影响特征。你不仅要觉察和了解对方，还要具有权限意识和公关能力，知道自己的边界在哪里，能否通过影响他人来获得工作进展，这一点对领导者来说尤其重要。除了认识人，还得影响人。你在日常工作中很可能发现，虽然有些人并非管理者，但他们在各项工作中实际上是带路人，大家都追随他们的步伐前进。这就是影响力。

四是管理特征。这是职位升迁的必备素质。假如你处在较高的岗位上，需要知道如何指挥下属，进行团队协作，认识及培养人，以带好团队。管理特征是领导者的必备特征。有的人天生在这方面就比较出色，有遗传基础，有的人则需要通过训练来提升这种能力。

五是认知特征。无论是综合分析能力、判断推理能力，还是信息搜索能力，在对世界的认知上，你总要找到自己的一技之长，也就是你立足的根本。在职场上，你不可能一开始就能管他人，而是得先做事，而要想做得出色，你就需要这种对世界的认识、分析和判断的能力了。

六是个人特征。这种特征主要涉及一些个体特质。一般来说，在工作中充满自信，能够自我控制，为人灵活，对组织忠心耿耿的人更容易做好工作，也更容易取得职位晋升和更多利益。

对于以上 6 大特征，有全部拥有的人吗？其实很少。不过，这些也只是适用于大多数工作的一些普适性特征，具体到某一工作岗位，要求并没有这么高。比如在麦克莱兰最初提出的管理者胜任力中，只包含两类内容：一是内部的成就动机、主动精神和概括思维，二是外部的影响力、团队意识与领导能力。尤其对于领导者，胜任力的要求并不高。

热心的“麦老师”

麦克莱兰曾担任哈佛大学社会关系学系的系主任，也是波士顿大学杰出的研究教授。他曾给美国政府做项目、搞培训，先后组织并参与成立了14家研究和咨询公司。当然，他在学问上也不甘落后：他获得过美国心理学会杰出科学贡献奖及由美国人格评估协会颁发的布鲁诺·克洛普弗奖（Bruno Klopfer Award）等诸多学术荣誉奖，曾是美国科学院院士，还被称为“成就动机研究之父”。

用今天的话来说，麦克莱兰游刃有余地游走于学界、政界、商界，称得上是一位完美的世俗学者。用一个字概括：稳。他的研究一切都服从社会需求，聚焦于人才的发现与培养，主要服务于企业，研究对象是成功者、有钱人，研究来源于政府项目，以社会需求为根本，为现实服务。在研究趋向方面，他做培训、开公司，学以致用。总之，麦克莱兰不但有理想、有文化，同时也有道德、有钱。他主张众生平等、人际有爱，且与人为善、广结善缘。

说到有钱，麦克莱兰虽然并不像威廉·詹姆斯（William James）、高尔顿那样，天生贵族，含着金汤匙出生，但也出身良好，家境殷实，自己也能赚钱。而且，和一些小气的教授不同的是，麦克莱兰赚钱有道，花钱大方。学生形容他是一个“自主、大方，会无限制地帮助他人的人”。

有一次，麦克莱兰在电梯里碰到了一个以前教过的学生，聊了几句后得知，这个学生现在经济困难，学业难以维系，可能要辍学。麦克莱兰立即打开随身带的支票簿，填好数字后，把支票给了这个学生。

又有一次，麦克莱兰搞了一批经费，然后和学生说可以跟他一起做事，这一举措解了许多穷学生的燃眉之急。

还有一次，麦克莱兰新招了一个研究生，后来发现这名研究生住的公寓里没有多少家具，于是就帮忙把系里的写字台、椅子和台灯借给了他。接着又发现他没办法把笨重的家具拖回去，麦克莱兰只好帮他把家具抬进车后备厢，还帮着抬上了楼。

类似的故事还有很多，可见麦克莱兰不但学问做得好，做人也没得挑。正是由于麦克莱兰富有同情心、慷慨大方、广结善缘的特质，这既帮助了他的学生，也成就了他自己。“成就动机理论”是他成名立万的“撒手锏”，但他一开始并没有想研究这方面的内容。

在一次鸡尾酒会上，有人对他说：“你是搞心理学的，我可以出钱赞助你，随你研究点什么。”恰好在这个时候，麦克莱兰的一个学生对成就动机比较感兴趣，但这个学生并没有钱。于是，麦克莱兰把自己获得的赞助给了这个学生做研究。后来，麦克莱兰也对成就动机产生了兴趣，便全情参与到这一领域的研究中，结果越做越出色，成果不断，随后，支持资金源源而来。最后，麦克莱兰在成就动机研究领域提出了属于自己的、造福全社会的成就动机理论。

18

如何提高你的个人影响力

影响力 · 霍尔

如果问谁是心理学界影响力最大的人，多数人首先想到的应该就是弗洛伊德。确实，正如美国心理学史专家托马斯·黎黑（Thomas Leahey）所说："如果伟大可以由影响的范围去衡量，那么弗洛伊德无疑是最伟大的心理学家。"但要追根溯源的话，弗洛伊德作为一位德国心理学家，其最初的影响力也只在维也纳及其周边地区。那么，最初是谁帮助提升了弗洛伊德的影响力，让他成为享誉世界的人物呢？另外，一个人若想提升自己的影响力，心理学领域有哪些榜样值得学习呢？

提到影响力，不得不说的一个人就是美国心理学家斯坦利·霍尔，他的个人成长发展史宛如一本影响力教科书。在本讲中，我们将通过霍尔的人生经历来学习他的理念以及如何提升个人影响力。

心理学界的“第一”

从某种意义上说，弗洛伊德影响力的背后推手正是霍尔，是他在弗洛伊德的学说饱受争议的背景下，把弗洛伊德和荣格师徒二人请到了美国，让二人在克拉克大学做了著名的关于精神分析的演讲。继而，精神分析的思想和精神才得到了更广泛的认可，并传播到了全世界。在克拉克大学做的那场关于精神分析的演讲也是弗洛伊德受到学界认可的标志，就像在维也纳音乐大厅唱歌，基本等同于得到音乐界认可一样。

那么，霍尔是个什么样的人呢？他为什么能请到弗洛伊德和荣格呢？他的影响力从何而来？我们不妨先来了解一下他的“系列第一”：

第一个在冯特门下学习的美国人；
第一位美国心理学博士；
第一任美国心理学会主席；
第一个心理学出身当大学校长的人；
创建了美国第一间心理学实验室；

创立了美国第一本心理学杂志；

…………

总体来说，在美国心理学排行榜上，霍尔是各项指标均占“第一”最多的人。

霍尔的理论与评价

霍尔有这么多“第一”，那他有什么传世思想吗？其实，霍尔的心理学思想贡献主要表现在以下 3 个方面：

一是霍尔提出了儿童发展的复演论。他认为，儿童的发展重复了人类种族的生活史。比如，人在胚胎阶段重复了鱼类的进化，出生后像四足动物一样爬行，接着站立起来，成为最早的人类；此后，人类像猿人一样爬上爬下；接下来，人类又像野蛮人一样打架；最后，人类终于有了文明人的样子。而这些分别对应着人在童年、少年和青春期的发展。孩子在小时候喜欢追逐奔跑，就是远古时代狩猎活动的复演；少年时喜欢打猎、捕鱼、偷盗、打架……这种理论听上去好像很有道理，也很有趣，不过难以证实或证伪，只能当作他的一家之言。

二是霍尔拓展了儿童心理学研究的范围。他开创了青少年心理学研究，并留下了一本书名很长的著作：《青春期：它的心理学及其与生理学、人类学、社会学、性、犯罪、宗教和教育的关系》(*Adolescence: Its Psychology and Its Relations to Physiology, Anthropology, Sociology, Sex, Crime, Religion and Education*)，该书详细地探讨了青春期的心理波动及青少年自慰等问题，但书中的一些错误思想也给一代代年轻人的成长造成了阴影，如“自慰有害健康”“防止自慰要早睡早起，要穿宽松内裤，要睡硬板床”等思想都源自霍尔。“教育心理学之父”爱德华·桑代克（Edward Thorndike）评价这本书说：“满是错误，大量充斥着自慰等内容，他（霍尔）就是一个疯子。”总之，这本书开创了一个新领域，留下了许多可供批判的错误。

三是霍尔开展了宗教心理学研究。霍尔是神学院出身，但他思维奔逸、热爱进化论，在别人看来他很不靠谱。当他第一次尝试布道的时候，神学院的院长就跪了下来，当然并不是向霍尔下跪，而是向神下跪，祈祷霍尔能被赐予真理之光，免受世俗错误学说的影响：“神啊，原谅这个不靠谱的孩子吧！”不能让霍尔留在神学院害人，大家都劝他读哲学。结果，霍尔选择了心理学，但他也没放弃自己的信仰。后来，霍尔当了大学校长以后，他设立了宗教心理学院，创办了宗教心理学杂志，又通过心理分析的方法来研究耶稣，最后得出的结论是：耶稣就是一个少年超人。这一举动得罪了众多宗教界人士，遭到宗教界的一致差评。

不过，仅凭这几项思想功绩，霍尔何德何能称得上心理学大师呢？

确实，霍尔传世的思想并不多，但他的影响力非凡。与其说他是个思想家，不如说他是个组织者。他是公认的对美国心理学发展影响最大的第二号人物，第一号人物是威廉·詹姆斯，也就是机能主义心理学的代表人物。如果比思想，农家出身的霍尔难以跟贵族出身的詹姆斯相提并论，之所以把霍尔排在第二位，多半是源于他的组织领导能力。霍尔除了做学问之外，还当领导、带学生、创平台、办杂志等；他注重实干，组织和发展了心理学，让心理学的影响力遍及生活的方方面面。此外，他也展现了一个学界领袖非凡的魅力。最后，他成了心理学界公认的“带头大哥”。

能做到这一点是非常不容易的。在一个文化人、知识分子扎堆的地方，缺的不是思想家，而是实干家、组织者。我们知道，知识分子是最难管理的，他们以批判为己任，“不自由、毋宁死”以及“吾爱吾师，吾更爱真理”是他们的信条，“有思想没觉悟”以及“有组织没纪律”则是他们的特点。这些文化人的特性在心理学界尤甚。心理学从诞生至今，始终学派林立，互不服气，甚至在思想和行为上斗来斗去。那么，霍尔究竟是怎么做到把这些人团结在一起的呢？他的领导艺术对我们提升个人影响力，又有哪些借鉴意义呢？

影响力的提升之路

在我看来，霍尔的成功可以归纳为以下 4 种要素。

一是敢为人先。从上文介绍的霍尔思想中，我们能窥见霍尔思维奔逸，“不羁放纵爱自由”，这也是他的学术创造力的源泉。实际上，除了做学问，霍尔在生活中也是一个敢为人先、百无禁忌的人。在他看来，规矩就是用来打破的。

学生时代，作为一名神学院的学生，霍尔却参加社会上的各种活动，游走于纽约的剧院、音乐厅、展览馆，甚至参加降神会的迷信活动，还到“相学中心”花钱找人看相。作为未来的神职人员，霍尔的做法明显不靠谱，这相当于一个公职人员天天混夜总会，与他的身份不符啊。

不过，这与霍尔的个性却是一致的：谁也挡不住他自由的思想和行为。

当了教授以后，霍尔也不安分。比如在研究青少年时，他就多次谈及年轻人的性问题，后来还想在大学讲坛上公开探讨性的问题。在当时，这一行为是有伤风化的，但老百姓却喜闻乐见。于是，大量校外人员涌入校园，有的人甚至会在门外偷听。但很不幸，霍尔的演讲最终出于种种原因被取消了。霍尔心有不甘，后来他当了校长，就请弗洛伊德来谈性。

霍尔当校长的经历也很有意思。当时美国的一个“煤老板”、出售采矿器械发家的土财主乔纳斯 · 克拉克（Jonas Clark），决定效仿约翰斯 · 霍普金斯（Johns Hopkins）建一所大学，为家乡的教育事业做些贡献。后来，不知怎的，克拉克找到了霍尔，想让他来当校长。当时霍尔 44 岁，一边是安稳的教授工作，一边是克拉克的空头支票，选哪一个呢？为了开创新事业，霍尔选择了后者。

一开始，学校既无校园也无教员，只有克拉克给的100万美元，基本可以说是从头做起。但令人感到惊奇的是，第二年，霍尔真的把这所大学办了起来，开设了5个系，其中就有心理学系。

不过，后来克拉克发现，办大学的花费是个无底洞，他逐渐就不愿意投钱了。“屋漏偏逢连夜雨”，趁着学校开不出工资的空当，芝加哥大学又来挖人了，结果2/3以上的师生被挖走了……但作为校长的霍尔依然坚持办学，找人找钱，直到学校的财政状况正常。霍尔在克拉克大学服务了30多年，而这所大学也成了当时美国心理学的重镇，培养了大批心理学人才。

由此我们可以看出，霍尔是一个不甘寂寞、敢为人先且有所坚持的人。

二是广纳英才。虽然霍尔在思想上坚持战斗，甚至有些偏激，但他把思想和行动分得很开。做学问，不偏激不成；而做人，需要宽容大度，这样才能立旗帜，吸引人才。从这一点上来说，霍尔绝对是一个心胸开阔、海纳百川的人。

霍尔创办了世界上第一本心理学杂志《美国心理学杂志》，杂志的宗旨是什么呢？没什么宗旨，对来自所有心理学家的研究都开放，主题广泛，什么文章都发。第一期的内容就包括弗洛伊德的思想介绍、神经病学与心理学的关系、梦、小写字母的易读性、偏执狂，甚至包括乌鸦的冬季栖息地等文章。

另外，霍尔办学校当校长，什么学生都收。霍尔在思想上是反对男女同校的，他认为女性的角色就是做好母亲；但在实践上，他领导的克拉克大学对女研究生却是最开放、最包容的，他支持女性读研究生。此外，他也愿意接收那些遭到其他学校拒绝的学生。曾有一个非裔美国黑人，因为喜欢心理学，一开始申请伊利诺伊大学和美利坚大学的博士研究生课程，但遭到了拒绝。后来，他直接向克拉克大学提出申请，霍尔二话没说就同意了。这个学生是美国第一个黑人心理学博士，也是霍尔的最后一个研究生，之后他成为非裔美国人中研究心理学的领军人物。

在“天下英才皆为我所用”思想的指导下，霍尔在克拉克大学的 30 多年间培养了 81 个博士，比如实用主义的集大成者约翰·杜威（John Dewey）、搞测量的詹姆斯·麦基恩·卡特尔以及刘易斯·特曼（Lewis

Terman）等人都是他的学生。有人做过统计："霍尔是美国心理学伟大的研究生导师。到 1893 年为止，美国大学所授的 14 个哲学博士中，有 11 个是由他授予的。到 1898 年，这一数字已经增长到，当时的 54 个哲学博士学位中，有 30 个是由他授予的。"

换句话说，大部分美国心理学家都是"霍家军"。另外，还有一件有意思的事：霍尔所带的博士生中，有 1/3 最终都像他一样，走上了高校行政领导岗位，当官了。

三是善于组织。孟子曾说，"得天下之英才而教之，不亦快哉"。而霍尔想到的不仅仅是做天下英才的老师，对他而言，聚天下英才共同来做点事，更是一大乐事。于是，霍尔就热心地忙了起来。

当时，美国的心理学人越来越多，但没人组织可不行。于是，霍尔发出邀请函，遍撒英雄帖，并担任东道主，邀请了当时心理学界的 26 位有头有脸的人物，成立了美国心理学会。霍尔理所当然地成为美国心理学会的首任会长。现在，美国心理学会的规模已超过 15 万人，这一切都与霍尔当年的努力息息相关。

霍尔还组织了一场载入心理学史的会议：克拉克会议。借着举办校庆的机会，霍尔把弗洛伊德等当时心理学界的风云人物都召集到了克拉克大学，共商心理学大业。这次大会有点像 1927 年在比利时召开的物理学家齐聚一堂的索尔维会议。据史料记载，参加那次会议的 29 人中有 17 人获得了诺贝尔奖。在那张历史性物理学家聚会的照片中，爱因斯坦居于核心位置。而在这次克拉克会议中，詹姆斯、弗洛伊德、爱德华・铁钦纳（Edward Titchener）等众多心理学大佬都到场了，最后大家合影留念，位居照片“C 位”的是霍尔。

召集众多能人一起做有意义的事，你最终也能成为其中的一员，甚至成为领导者。用专家来撑场面，其实就是在撑自己。

四是处事灵活。在教授扎堆的文化圈内，性格执拗的人居多。当然，认死理、一条道走到黑，也是一些人终成大家的原因。霍尔与他们不一样，他把做学问和做领导分得很清。在做学问上，霍尔思维奔逸，语不惊人死不休；而在待人接物上，霍尔则体现了一个文化人少有的处事灵活的社会人特质。

比如，在美国心理学会筹集和召开期间，詹姆斯和杜威两位大佬收到了邀请，但他俩都不屑于理会霍尔的“民间俗事”，不想去。这该怎么办呢？心理学大业肯定少不了这些人物的支持啊！于是，霍尔就特事特办，给了他二人特别的地位，叫作“特许会员”。后来，美国心理学会的事办得越来越顺，詹姆斯和杜威也先后担任了会长。还有几个心理学界的牛人跟詹姆斯和杜威一样，也获得了特许会员资格——哪个学会不是牛人越多越好呢。

在克拉克大学建校 20 周年时，霍尔想找一些专家来撑场面，于是他邀请了冯特，并开出 750 美元的旅费，但冯特没去。原因在于，一来冯特是个老学究，不爱出门，从欧洲到美国路途漫漫；二来冯特所在的莱比锡大学要举办 500 年校庆，他要做主题发言，分身乏术。霍尔也邀请了研究遗忘曲线的赫尔曼·艾宾浩斯（Hermann Ebbinghaus），但后者还没来就去世了。霍尔还邀请了弗洛伊德，最初也遭到了对方的拒绝，主要原因是弗洛伊德嫌给的钱少。于是，霍尔加大价码，给弗洛伊德与冯特一样的待遇，外加差旅费全包，如果有需要，顺便还能给他一个美国的学位。后来，弗洛伊德来到了美国——心理学史也因为霍尔的几百美元而改变。

我们来总结一下霍尔领导力的秘密：一是敢为人先，百无禁忌；二是广纳英才，兼容并包；三是善于组织，热心联络；四是处事灵活，懂得社交。具备这样的品质，还愁没有影响力吗？

没有清规戒律是不能打破的，为人、做学问就要像霍尔一样。抱着开放豁达的态度，既可以成就一个人的学问，也可以使人成为真正有影响力的人。

最后谈一个霍尔影响力的小案例。美国第 28 任总统托马斯·威尔逊当年也是霍尔的学生。在霍尔的影响下，威尔逊竟然考虑放弃政治学和历史学的学习，去主修心理学。不过，威尔逊最终没有听霍尔的话，不然，美国可能又多了一位心理学家，少了一位总统。

19

怎样才能做到心理平衡

认知失调 · 阿伦森

假设你正在参加一场很重要的考试，虽然你在考前做了充分的准备，但由于题目特别难，很多题目你回答不上来，你很可能会因为成绩不及格而通过不了考试。此时，你发现旁边的那个人答题特别流畅，而且你刚好能看清他的答案。问题来了，在这种情况下，你会不会作弊？

如果你作弊，那么出了考场之后，你心里会有一些愧疚：正直的人怎么会做这种违背正道的事？如果你不作弊，心里又会想：明明有获得好成绩的机会，自己却没有抓住。内心可能会有一些不甘。遇到上面的情境，无论你怎么选择，都会经历一些心理不适或不舒服。那么，如何处理这种心理上的不平衡呢？

心理学研究发现，我们往往会通过改变对当下事件的解释和态度来重获心理平衡。比如，对作弊的人来说，他们会对作弊的态度宽容一些："作弊一次没什么大不了的，上学的时候谁没这么做过呢？"而对那些拒绝作弊的人来说，他们会对作弊行为大加鞭挞："作弊取得的成绩有什么意义呢？今天考试作弊，明天做人失败。"

生活中的很多事情会搅乱我们的心，甚至让我们心有不甘。当两种想法或信念（认知）不一致时，我们会出现一种紧张状态（失调）。为了减少这种不愉快的感受，我们会自发地调整自己的想法，重获心理平衡。而考察人心失衡现象以及平衡策略，是心理学家阿伦森擅长的领域，关于这方面的学问则被称作认知失调理论（cognitive dissonance theory）。

认知失调理论与自尊

费斯廷格的认知失调理论

谈到认知失调理论，得先从阿伦森的导师利昂·费斯廷格（Leon Festinger）说起。认知失调理论是费斯廷格在其名著《认知失调理论》（*A Theorg of Cognitive*

Dissonance）一书中提出来的，阿伦森也是阅读了当时未出版的书稿后，才决定追随费斯廷格学习的，因为他的学问做得太好了，否则谁愿意做江湖上传说脾气很臭的费斯廷格的学生啊。费斯廷格认为，人有一种保持认知一致性的趋向。在现实社会中，不一致的、相互矛盾的事物处处可见，但外部的不一致并不一定会导致内部的不一致，因为人们可以把这些不一致合理化，从而达到心理或认知的一致。倘若人们做不到这一点，就达不到认知一致性，心理上就会产生痛苦的体验。通俗点讲，当人们遇到内外信息不一致的情况时，可以进行自我合理化。比如老婆很漂亮，但脾气大，丈夫觉得难受，他可以这么想：漂亮老婆虽然脾气大，但自己就是有受虐倾向啊，搭配起来正合适。这样一来，心理就平衡了。如果找不到合适的理由，心理上就会不平衡，当然也就会痛苦。

费斯廷格还认为，假如两种认知要素是相关且相互独立的，可以由一种要素推导出另一种要素的反面，那么这两种认知要素就是失调关系。例如，吸烟的人如果有以下两种认知，即“吸烟有害健康”和“我吸烟”，那么他会体验到认知失调。因为由“吸烟有害健康”可以推导出“我不应该吸烟”的结论，而吸烟的人当前的吸烟行为恰恰与这一结论相反。如果出现了这种现象，那么人在心理上就会产生痛苦的体验。这种失调的感觉会成为一种内驱力，就像饥饿和口渴一样，激励着人们想办法缓解认知失调，尽力改变其中一种或两种认知，从而达到两种认知的一致和谐。如此一来，人在心理上就平衡了。

对于“吸烟有害健康”与“我吸烟”之间的矛盾，该怎么解决呢？最好的方式当然是戒烟了：不吸烟了，矛盾自然就解决了。但戒烟太难了，很多人多次半途而废。因此，很多人一般会从另一种认知入手，即通过转变“吸烟有害健康”的观念来达到心理平衡。他们会寻找一些证据，比如“科学家对‘吸烟有害健康’的说法无定论”“我家邻居抽烟喝酒，也活到了九十九”等；或者“增加”一些新观念来达到认知协调，如“虽然吸烟有害健康，但吸烟让人开心；我吸烟我开心，人生最重要的就是开心啊，不开心活着也没意思”。这样一转变，心理就平衡了：接着吸烟吧。

认知失调中的自我概念

阿伦森追随费斯廷格的脚步，也开始研究人的各种认知失调现象，但他逐渐发现，人有时的确会产生失调，但究竟是什么样的认知引发的失调，却存在争议。比如“通过种种考验进入一个组织，却发现组织活动很无趣”，这会让人产生认知失调，但这也可以换一种方式来表述，比如“我是一个聪明能干的人，却通过考验加入了一个无价值的组织”，这也是一种认识失调。究竟怎样理解才好呢？

后来，阿伦森发展了费斯廷格的理论，将人的认知失调问题之源归结于人的自我概念和自尊，这样就更容易理解人性了，同时也将人的两种基本需求和认知失调联系起来。在阿伦森看来，人有两种基本的认知需求：一是正确认识世界的需求，这也是人赖以存活和延续的基础；二是维护良好自尊的需求，这是人积极成长的根源。如果二者之间产生冲突，该怎么办？也就是说，要想正确认识世界，就必然会带来自尊的损毁；而要想维护自尊，就必须扭曲地、错误地认知世界。

举个例子。从客观上来说，某个人的能力有限，所以难有所成，可他又是个要强的人。如果他按照客观事实来理解自己，那么他必然得出结论，认为自己的能力就是比一般人低，但这样会影响他的自尊；那他要想维护自尊，就不能以客观的方式认识世界。对于这种认知失调，该怎么处理呢？大部分人最后的选择往往是：为了维护良好的自我感觉，宁可扭曲地认知世界。比如工作中的失败者，他们就会把自己的绩效不良归结于领导不重视或小人当道等外在因素，这样他们就心理平衡了，自尊也得以维系。不过有意思的是，阿伦森一开始用自我理论来解释认知失调时，“霸道”的费斯廷格并不喜欢。直到 10 年后，费斯廷格才接受了自己的聪明弟子阿伦森对自己理论的修正。

男性失调与女性失调

把人的心理失衡归结于人的自我概念，这样的解释力的确很强。放眼周边的人和事，包括我们自己，有时会难以理解：一个人怎么会做出这样的事？一个人怎么会有如此的表现？诸如此类。仔细一想，往往就和上文提到的因素有关系了，即现实残酷，但人的自尊又是“刚需”，为了维系良好的自我概念与自尊，人宁可扭曲地看世界。

比如，很多男性在投资的时候，为什么卖不掉一只亏本的股票？在股市上沉浮，赚多赚少，卖了都没有问题，但亏本的股票卖了叫“割肉”：不仅心疼，肉也疼。原因很简单，男性卖掉亏本的股票，就是在承认一个事实：自己很蠢，且做出了一个非常错误的投资决定。这对自我感觉良好且有自尊心的男性来说，简直是奇耻大辱。所以，为了维系这种虚伪的自尊，就扭曲地认知世界，从而达到心理平衡。比如找一些自己都不相信的理由："反正我也不差这点儿钱，不投资股市也不知道干什么""股票起起伏伏，早晚有一天会涨回来的"等。真实情况是这样的吗？当然不是了，拿我来说，我有只股票投资10多年了，亏了90%，现在都没涨回来呢，说起来都是泪。

谈到这里，也许有些女性在暗笑：你看男性多虚荣啊。其实，男女都一样，男性卖不掉亏本的股票，就像有些女性离不开糟糕的男性一样。这其中的道理不是一样的吗？在生活中，我们常见的一个现象是：有些女性很明显遇人不淑，遇上渣男。周边的人都劝分手，她们自己也有感觉，但就是分不掉。什么原因呢？是旧情难舍，还是爱情仍在？其实都不是，真正的原因就是，如果选择分手，意味着她们必须承认一个事实：自己太愚蠢了，把自己的青春浪费在渣男身上。她们的自尊心受不了。因此，为了维护自己的虚荣与自尊，她们往往会编造各种连自己都不信的假话来骗大家和自己，比如说："我老公现在好多了，人是会改变的嘛。原先他脾气一上来每天都摔东西，现在一周只摔一次……"

始于费斯廷格、完善于阿伦森的认知失调理论，其解释力之强大，对人性认知的“穿透力”之强劲，由此可见一斑。

霸道导师和倔学生

阿伦森是当代最杰出的社会心理学家之一，也是美国心理学会史上唯一一位获得写作、教学和研究3方面大奖的人。此外，他还是心理科学协会威廉·詹姆斯终身成就奖的获奖者，被誉为“从根本上改变了我们日常生活的科学家”。《社会心理学手册》(*Handbook of Social Psychology*) 的主编加德纳·林奇 (Gardner Lindzey) 曾说：“如果社会心理学界有诺贝尔奖的话，我相信阿伦森一定是第一位获奖者。”

阿伦森是“好老师、好学生”的典型代表。他师出名门，人本主义大师马斯洛是他的本科导师，人称“社会心理学教皇”的费斯廷格是他的博士导师。在马斯洛的帮助下，他谈了一场不错的恋爱；在费斯廷格的帮助下，他又做出了一系列影响深远的研究。

阿伦森本硕博的导师虽然都很有名，但他们三人之间的交集并不多。有意思的是，当费斯廷格得知阿伦森对心理学的兴趣是由马斯洛先培养出来的时候，他一脸鄙夷："马斯洛？那个家伙的观点烂得不值一提。"费斯廷格就是这么狂。事实上，阿伦森同费斯廷格的交往，在一开始并不愉快。

费斯廷格是一个学霸型的人物，他专横霸道与百般挖苦的风格常常让他的研究生感到十分屈辱。在课堂上，他还会要求学生阅读许多和心理学基本无关的书。阿伦森选了他的课，学期过半，提交了一篇学期论文。后来，费斯廷格叫阿伦森到自己的办公室去，然后从一叠论文中抽出了阿伦森的论文，接着面带鄙夷和蔑视地问："这就是你写的论文？"随后直截了当地告诉阿伦森："我很不喜欢这篇论文。"对阿伦森这种好学生而言，这简直是侮辱，但他仔细一看，发现自己的论文还真有问题，于是又重写了一遍，扔到费斯廷格面前："也许你会认为这篇好一些。"20分钟后，费斯廷格把论文轻轻地放到阿伦森面前："这篇值得评一评了。"就这样，一个眼里不容沙的老师，一个严格要求自己的学生，由于都对心理学有着偏执的爱，这对彼此有着“虐缘”的师生开始了更深入的交往，阿伦森也选择了费斯廷格做自己的博士导师。

同样聪明，对事业又都有着执着的热爱，阿伦森和费斯廷格相处得越来越融洽，科研合作成果也越来越多。后来，阿伦森快毕业的时候，因为有两科统计的课程成绩一般，他担心自己不能留校。这时，费斯廷格力挺他：“统计不要紧，像你这样的家伙愁什么？等拿到博士学位，你可以雇一两个统计员，到处都有。”于是，师徒俩开始了认知失调的研究。

如何重获心理平衡

那么，一个人产生认知失调后，是如何重获心理平衡的呢？我们该怎么做才能在正确认知世界的基础上维护自己的自我概念和自尊？接下来，我们来谈谈认知失调理论的应用问题。

心理平衡的一般策略

正确认知世界的需求与维护良好自尊的需求存在矛盾

时，会引发心理痛苦体验。对此，有没有其他方法呢？根据认知失调理论，以下 4 种方法也可以减少人的认知失调。

一是改变认知。如果两种认知相互矛盾，我们可以改变其中一种，使其与另一种相一致。比如本讲开篇的案例，当“我是一个诚实的人”与“我在考试中作弊了”这两种认知出现失调时，可以通过改变对考试作弊的认知来恢复心理平衡，比如否认自己考试作弊，是自己一不小心看到了另一个人的答案，这样就心理平衡了。

二是增加新的认知。如果两种不一致的认知出现了失调，那么失调程度可通过增加更多的协调认知来降低。比如对于“诚实的人考试作弊”的失调，可以再增加一种认知，如“做学生的，哪有不作弊的”，从而获得心理平衡。

三是改变认知的相对重要性。因为一致的认知和不一致的认知必须通过重要性来加权，因此可以通过改变认知的重要性来减少失调。比如可以在认知上降低考试作弊的权重来平衡自己的高度自尊，即形成“我是个有自尊的人，我作弊了，但这只是小事一桩”，进而达到心理平衡。就如同孔乙己一样，认为读书人窃书不能算偷，这样一来，自视颇高的读书人盗窃图书就没什么大不了的了。

四是改变行为。这才是我们期待的结果，即承认自己的错误，认识到考试作弊不对，认知到自己的不足，从而痛改前非。不过，行为比态度更难改变，犯错的人总是不大愿意去做。

自我概念的积极维护

虽然刚刚谈到了几种心理平衡策略，但事实上，大多数人更多的是通过扭曲地认知世界来达到心理平衡。这种维护自我概念及自尊的做法其实并未尊重事实，长此以往，对人对己必然会造成伤害。这就好比一个自认聪明的人，由于害怕考试失败，在重要的考试之前，采用的应对方案竟然是自我设置障碍，彻底放弃学习，结果考试必然失败，但他的心理是平衡的：因为他没有学习啊，不能说他笨，因为他对聪明的自我认知还在，虚荣的自我价值感也还在；反之，一个自诩聪明的人，努力复习功课，结果考试遭到挫败，很可能会引起认知失调，难以收场。不过，前一种做法最终会影响自己的前程。

那么，该如何积极面对挑战和可能的失败呢？当现实的困境威胁到我们的自尊时，又该如何应对呢？

首先，学会自我觉察。留意自己是不是虚荣心过度，是不是太过于追求完美，玩不起，承受不了失败的痛苦。有时候，人为了自尊和虚荣，宁可错误地认知世界，从而达到心理平衡。所以要提醒自己，少用这种策略。

其次，降低结果预期。不要凡事总追求完美，比如考试成绩差一点儿也正常。生活本身就不是完美的，即便是学霸，也不一定会有完美的一生。不要害怕失败，每个人都有失败的时候，学会承认错误，“触底反弹”。顺其自然，尽力而为。

最后，不要乱找借口。出点问题并不可怕，没必要因此怀疑自己。就像考前一两晚睡不好觉很正常，工作中有些事情没做好也很正常。不为自己找借口，也不抱怨环境。

心理平衡是我们的生活所需，做有价值的人也是许多人的渴望，但要做到这一点，从根本上来说应该来自自我的强大，而不是扭曲对世界的认知。

20
如何理解和自己不同的人

文化心理 · 马库斯

人是文化的产物。处于不同文化的人，在心理和行为上会表现出不同的特性。曾经有一个美国年轻人，他对中国文化、中国人产生了浓厚的兴趣，便来到中国，学习并工作了一段时间，顺便做些考察。结果他发现，中国人在许多方面与美国不同，而且中国不同地域的人，也表现出不同的性格面貌。

在广州的时候，他发现人们行色匆匆，每个人都在忙自己的事，相互交往时会尽量避免冲突。在路上与他人相遇时，对方会尽量避免与他进行眼神交流，安静地甚至略带紧张地从他身边走过。而当他来到北方的时候，发现人们乐于交往，甚至对刚认识的人也直言不讳。他和另一个伙伴去博物馆游览时，工作人员直接评价他们：“你们的中文说得真好！”然后又指出其中一个比另外一个说得好，这种直接的表达让他感到有些尴尬。不过，这种南北方的差异也让他感觉很有意思。

其实，他应该再去东北看看。在东北，他可以体验一下两个陌生人相见后，上来就是“你瞅啥？”“瞅你咋地？！”然后“拳脚交加”的交往方式，别有一番风味。

当然，这是玩笑话。不过，这个年轻人的发现是对的，处于不同文化的人，其表现确实有差异。因此，在当下这个多元交往的“地球村”里，不同的国家、不同的人，都要尊重彼此的文化，这样世界才能和平，大家才能友好相处。那么，面对一个广袤多元的世界，我们该如何树立正确的世界观？又该如何理解与自己不同文化的人呢？

本讲就介绍一位文化心理学大师：海兹尔·罗丝·马库斯（Hazel Rose Markus），一起了解她的文化心理研究及其现实意义。

最经典的自我观：独立型自我与互依型白我

1991 年，马库斯关于不同文化下人心差异的论文得以发表，这篇论文就是她与日本学者北山忍合著的宏文《文化与自我》(*Culture and the Self*)。这篇论文可称得上是文化心理学的经典名篇，影响力巨大。迄今为止，谷歌学术显示，该论文的引用率已达到了 2.9 万次(2022.2)。要知道，这篇论文是在 1991 年发表的，距今时间不长，而且文化心理学是一个相对小众的领域，所以这个成绩是非常了不起的。弗洛伊德那本著名的《梦的解析》，自 1996 年以来的引用率也只有 2 万多次，况且，多少人在研究弗洛伊德啊!

马库斯与北山忍的一个基本观点是，文化造就了“自我”的结构和内容。文化不同，“自我”的结构和内容也不同。在西方文化中，如在信奉个人主义文化的美国，人们强调的是个人独立，主张独立于他人和确定自己。为了达成这样的文化目标，个体要立足于自身的思想、感受和行为，且每个人都是独立的个体，都要为自己负责。因此，根植于西方个人主义文化中的自我可以称为“独立型自我”。

而在非西方文化中，如在信奉集体主义文化的日本，人们强调的是人与人之间彼此的相互联系和相互依附，个体把自己看作是包容性社会关系的一部分，并立足于关系中他人的思想、感受和行为。因此，根植于东方集体主义文化下的自我可称为“互依型自我”，也就是互相依赖的自我：我中有你，你中有我。

马库斯认为，在美国这种以独立型自我为主的文化中，行为动机来自个体内部；而在日本这种以互依型自我为主的文化中，行为动机主要来自外界推力，进而转化为内在感受。不同文化下的自我，也造成了不同文化下人们的心理和行为的差异。马库斯用多种证据证实了她的跨文化自我观。比如，她比较了美国和日本的广告后发现，美国的广告内容过分强调自由、独特和与众不同，而日本的广告内容更多强调的是相互依赖、同情、归属和与时俱进。在日本的某个胃药广告中，展现的不是患者个人战胜病痛的故事，而是3个戴有隶属于某个小团体标志的男性，他们微笑着在一只清酒瓶上跳舞：没病了，大家一起开心。马库斯的研究虽然是以美国、日本为主，但她的结论可以推广到更多文化中：欧美等多数国家属于独立型自我的文化，而日本、印度以及中国则属于互依型自我的文化。

那么，马库斯的这种文化和自我观研究有什么用呢？有很大用途。除了研究的案例之外，这种不同自我观的分解，可以用来解释现实，甚至可以为我们的生活提供更多有效的建议。

举个例子来说，假如你在工作中发现，某个下属或同事犯了错，你会不会说出来？这个问题看似简单，但在不同文化中，人们的实际操作可能不一样。在独立型自我的文化中，人们重视个体之间的独立，个人之间的界限要清晰，每个人要为自己负责，所以人们该说就要说，注意方式方法就行了。而在互依型自我的文化中，比如在中国，你最好先别说，先看看对方是谁的人，因为在互依型自我的文化中，自我概念之间的界限并不清晰，彼此依赖。对中国人来说，自我概念不仅包括自己，也包括自己的亲人、朋友等比较亲密的人。如果你贸然批评一个有背景的人，比如不小心批评了领导的小姨子，你可能会吃不了兜着走。因为在领导的自我概念中，由于互依型自我的关系，单位里的小姨子也是他的自我概念的一部分：瞧不起他的亲人，就是瞧不起他。所以，在这种互依型自我的文化中，如果不搞清楚人与人之间的沟通和联结，在工作中基本上会寸步难行。

不仅工作如此，生活也一样。比如骂人，仔细琢磨后你会发现，这也是很有意思的一件事：独立型自我和互依型自我两种不同文化中，骂人的方式也不一样。比如，美国人骂人的话，经常是以 f 开头的词（fuck），后面接的单词一般直接是 you（你）。所以在美国，“冤有头，债有主”，每个人都为自己负责：我对你有所不满，直接骂的是你自己。那中国人是怎么骂人的呢？对别人不满时，往往针对的不是对方本人，而是从人际关系出发，最常用的就是“问候别人的母亲”。如果这样骂老外，他们可能会莫名其妙：你对我不满意，骂我妈做什么呢？我是我，她是她。每个人为自己负责，你骂她，对我也没有影响啊？但在中国这种互依型自我的文化中，母亲就是“自我”的一部分，骂我妈当然就是骂我自己，甚至比骂我自己还令人反感。其实，对于中国人的脏话，细品一下会发现，绝大多数是从人际关系出发的，诋毁的是对自己重要的他人，比如“他妈的”“他奶奶的”“他大爷的”，都是同样的思路。

这并不是胡说，因为对中国人来说，自我中包含母亲的成分，母亲是“自我”的一部分。这个观点也得到了脑科学的证实。2007 年，北京大学的朱滢教授等人，用中西方大学生两组被试进行了“母亲参照效应”的脑成像研究，结果发现，对中国人而言，在自我参照和母亲参照的条件下，腹内侧前额叶都被激活了；而对西方人而言，只有在自我参照的条件下，他们的腹内侧前额叶才会被激活。这说明中国人的“自我”与“母亲”位于同一脑区，这为中国人独特的“母亲参照效应”提供了神经生理层面的证据。

最新潮的自我观：大米文化与小麦文化

话说回来，马库斯的《文化与自我》研究之所以产生巨大影响，还有一个时代背景。20 世纪 80 年代中后期，日本经济蓬勃发展，震惊世界。当时，日本人表现得太优秀了，日本生产的汽车、计算机、相机等横扫欧美市场。当年，日本人也非常有钱。在洛杉矶，日本买下了闹市区一半的房产；在夏威夷，96% 的其他国家的投资都来自日本。当时的美国媒体惊呼：日本人来了，他们要“买下美国”！日本的这种发展态势让长期以为自己是宇宙中心的美国人有点受不了了，他们开始琢磨：日本人为什么这么厉害？他们有什么样的文化和心理？一开始，很多美国人通过《菊与刀》这本小书来理解日本人；多年之后，从实证层面解释美日心态差异的《文化与自我》出现了，这篇论文的发表可以说是占尽了天时地利人和。

时过境迁，今天中国的发展也与当年的日本有很多相似之处，让包括美国人在内的世界震惊。所以，世界的目光，包括对文化心理的研究聚焦于中国，也就不足为奇了。不过，与文化、种族相对单一的日本不同，中国幅员辽阔、文化多元，所以今天的学者的目光不仅在马库斯开拓的领域进行中美差异的比较，而且还深入中国腹地，具体比较中国内部不同文化之间的差异。2014 年，发表于《科学》杂志上的《水稻理论》（*The Rice Theory*）一文，就因为对中国文化理解的新颖视角引起了世人的关注。

还记得本讲一开始提到的那个美国年轻人吗？他就是水稻理论的提出者托马斯·塔尔赫姆（Thomas Talhelm）。这一理论把马库斯的“文化与自我”观念拓展到一国之内，认为中国南北方的文化差异源自不同的耕种文化：居于水稻区的南方人更多地表现为集体主义，拥有和日本、泰国等东南亚地区相似的互依型自我；而居于小麦区的北方人更多地表现为个人主义，拥有和欧美等地区类似的独立型自我。

水稻理论把自我观差异的原因归结于耕种文化，基本上属于地理决定论。这一理论认为，传统上种植水稻的人群会培养出更加强烈的集体意识，因为种水稻付出的劳力非常大，需要邻里间的合作，最终形成了一种集体主义文化；而生产小麦人们可以独立进行，且只需要生产水稻一半的劳力，不需要相互合作，最终产生的文化更偏重于个人主义，人们也更具备独立意识与思辨能力。虽然到了今天，我们已经不再像耕种时代那样种植庄稼，但遗传下来的习惯依然伴随着我们。文化是烙印在人身上的古老痕迹，不太容易改变。

研究之初与学问夫妻

马库斯，这是一个典型的男人的名字。如果在百度或谷歌上以马库斯为关键词进行搜索，前几页都是纯爷们儿。而我们今天讲的马库斯，则是如假包换的女性心理学家，人家不过姓的是马库斯，名字是海泽尔·罗丝，“淡褐色玫瑰”之意，但我们心理学界男性居多，把人家叫成了一个纯爷们儿名字的马库斯。记一下，马库斯是一位有着一双迷人眼睛、一头红色波浪发的资深美女。

马库斯现在是斯坦福大学行为科学系的教授，在密歇根大学获得博士学位。她在1994

年当选美国艺术与科学学院院士，在2016年当选美国国家科学院院士。同时，马库斯也是美国心理学会杰出科学贡献奖得主，且著作等身，写了150多本书，现在还在写。

提到马库斯文化研究的缘起，得从她的童年经历开始谈起。6岁时，马库斯随父母从英国搬到美国。刚到的时候，她的母亲由于带英式口音，因此被美国人嘲笑。后来，马库斯了解了美国多元文化下各种族的差异性表现，开始对文化心理问题感兴趣了。不过，在她准备研究生论文时，她的导师不让她做跨文化比较项目，因为她的导师觉得她跑题了，这不属于基础研究。没办法，马库斯只能等待。

在读博士时，马库斯遇到了北山忍，想要和他合作。不过，北山忍当时没有兴趣，他和许多国际学生一样，只想着尽快认识美国，融入美国："我从日本来，再研究日本，那我来美国干什么呢？"马库斯博士毕业后，去了几次日本，回到美国后就找北山忍聊，说日本人好奇怪啊，或这样或那样，反正就是跟美国人完全不一样！北山忍回复说："你知道吗？到底谁才奇怪呢？你们这样那样，美国人才是真奇怪呢！"到底谁奇怪呢？俩人琢磨了一番：

要不咱们一起研究一下吧。后来，一篇由马库斯和北山忍合作的跨文化视角下自我差异的经典论文就出炉了，并由此一发不可收。

另外，谈到马库斯如此厉害的学术表现，你可能会有疑问：站在这个成功女人背后的，是一个什么样的男人呢？其实，马库斯背后的男人叫罗伯特·扎琼克（Robert Zajonc），已经去世。他也是一位大师级的心理学家，同样是美国心理学会杰出科学贡献奖的获得者。所以说，这夫妻俩可称得上是心理学界的神仙眷侣了。

不过，与马库斯专注于文化与自我的研究不同，扎琼克才华横溢，爱好广泛，其研究对象包括大鼠、鸽子、小鸡，甚至蟑螂以及人类，几乎涉足心理学的各个领域，而且他的某些研究也很有意思，比如他对夫妻相的研究。都说夫妻相处越久，长得越像，而且越恩爱越像。什么原因呢？扎琼克解释说，除了饮食和环境外，面部特征的相似性可归因于同理心。当你对某个人产生同情时，就会在不知不觉中模仿对方的表情，你就会感觉到类似的情绪，动用相似的面部肌肉，久而久之，俩人长得就越来越像了。如此说来，妻子怀孕的时候，屋里贴一个好看的明星的照片，天天看，学习明星的招牌表情，或许能让宝宝长得好看一些。

文化心理学的启示

关于文化：不同文化的尊重

从东方到西方，从不同的国家到同一国家内不同的族群与区域，都存在着差异。不同的文化和地理，也造就了不同的世道人心。对于中国人而言，封闭的大陆地理环境使得人们的思维局限在本土之内，人们善于总结前人的经验教训，喜欢以史为镜，对新鲜事物缺乏好奇，对未知事物缺乏兴趣，所以中国的影视剧中多是古代圣贤与才子佳人。而西方国家多数处于开放的海洋型地理环境，工商、航海发达，从古希腊时期开始就有探索自然、探索未知、武力征服的传统，因此西方的影视剧多是未来世界、大灾难等题材。那么，哪一种好，哪一种对？其实没有所谓的好坏与对错，各自都有其原因，也都有其道理。

以此观之，马库斯认为，当下世界，一个明显的现象就是各种冲突不断，历史上从来没有出现过这么多的冲突，也从未出现过数百万人每天从一个地方迁移到另一个地方。移民是个问题，冲突在所难免，但就各种冲突来说，其根源在于不同文化下独立型自我与互依型自我的不同。在《冲突》(*Clash*) 一书中，马库斯提出了自己的希望，即两种文化观的融合将是社会进步和个人自我发展的基础；要建设一个更加繁荣与和平的世界，每个个体都必须有其独立自主的一面，又要处理好相互依存的关系。

确实，世界是多彩的，文化是多元的，不同种族、不同肤色、不同文化背景下的人们在同一个环境下工作和生活，应该拥有相互包容的心。美国人不是天生的领导，中国人也不必统治世界，我们都有共同的人性。中国人有种水稻的，也有种小麦的，所以为一些文化差异现象而纠结真的没有必要，比如豆腐脑是甜还是咸，粽子要怎么包、月饼什么馅料等，一切随缘就好。

总之，文化心理研究中独立型自我与互依型自我的分类，水稻文化与小麦文化的区别，都加深了我们对不同族群的思维、动机与人格的理解，也促使我们对多元文化实质的尊重。同样，这也正是马库斯《文化与自我》开创的文化心理研究的目的所在。

关于心理学：中国人学习的思路

文化影响人心，也影响人的学习。我们今天谈论的心理学，从本质上来说，是根植于西方个体主义文化的，其基础就是存在于个体内部基本的认知、情感、动机等心理过程。而在集体主义文化下的中国以及日本、印度等国，这些心理学内容明显地忽略了人际关系，忽略了人与人之间的联结、相互适应和调整，以及社交。

这种文化上的差异，其实也是许多人看不下去心理学专业书的原因。在中国这种集体主义文化中，互依型自我的个体本来对人际互动感兴趣，但心理学专业书一上来就谈个体认知，甚至是脑功能知识，很容易“劝退”人。就像你读一本普通心理学的书，翻了一大半了，发现它竟然还没有谈到人们彼此互动的心理学规律：讲的虽然号称是科学心理学，但不是我心目中的心理学啊！

为了适应这种文化的需求，本书并没有从常规的生理基础谈起，而是从实际问题出发，聊聊中国文化重视的那些事儿。所以，你在阅读和研究心理学著作的时候，也要注意文化因素，因为很多研究源自西方独立型自我的个体，而这对中国人是否适用，还需要三思。

现在西风东渐，更多的年轻人已经习惯了西方文化。可以说，有些亲子间的冲突从本质来说可能就是集体主义文化与个体主义文化的冲突，孰优孰劣，只能“走着瞧”了。时代的发展把世界碾平，呈现在我们的面前。在这个多元文化并存的世界，人们会彼此友善相处吗？世界会越来越好吗？

让我们拭目以待吧！

未来，属于终身学习者

我这辈子遇到的聪明人（来自各行各业的聪明人）没有不每天阅读的——没有，一个都没有。巴菲特读书之多，我读书之多，可能会让你感到吃惊。孩子们都笑话我。他们觉得我是一本长了两条腿的书。

———查理·芒格

互联网改变了信息连接的方式；指数型技术在迅速颠覆着现有的商业世界；人工智能已经开始抢占人类的工作岗位……

未来，到底需要什么样的人才？

改变命运唯一的策略是你要变成终身学习者。未来世界将不再需要单一的技能型人才，而是需要具备完善的知识结构、极强逻辑思考力和高感知力的复合型人才。优秀的人往往通过阅读建立足够强大的抽象思维能力，获得异于众人的思考和整合能力。未来，将属于终身学习者！而阅读必定和终身学习形影不离。

很多人读书，追求的是干货，寻求的是立刻行之有效的解决方案。其实这是一种留在舒适区的阅读方法。在这个充满不确定性的年代，答案不会简单地出现在书里，因为生活根本就没有标准确切的答案，你也不能期望过去的经验能解决未来的问题。

而真正的阅读，应该在书中与智者同行思考，借他们的视角看到世界的多元性，提出比答案更重要的好问题，在不确定的时代中领先起跑。

湛庐阅读 App：与最聪明的人共同进化

有人常常把成本支出的焦点放在书价上，把读完一本书当作阅读的终结。其实不然。

时间是读者付出的最大阅读成本

怎么读是读者面临的最大阅读障碍

“读书破万卷”不仅仅在“万”，更重要的是在“破”！

现在，我们构建了全新的“湛庐阅读”App。它将成为你“破万卷”的新居所。在这里：

- 不用考虑读什么，你可以便捷找到纸书、电子书、有声书和各种声音产品；
- 你可以学会怎么读，你将发现集泛读、通读、精读于一体的阅读解决方案；
- 你会与作者、译者、专家、推荐人和阅读教练相遇，他们是优质思想的发源地；
- 你会与优秀的读者和终身学习者为伍，他们对阅读和学习有着持久的热情和源源不绝的内驱力。

下载湛庐阅读 App，
坚持亲自阅读，
有声书、电子书、阅读服务，
一站获得。

CHEERS

本书阅读资料包

给你便捷、高效、全面的阅读体验

本书参考资料

湛庐独家策划

- 参考文献

  为了环保、节约纸张，部分图书的参考文献以电子版方式提供

- 主题书单

  编辑精心推荐的延伸阅读书单，助你开启主题式阅读

- 图片资料

  提供部分图片的高清彩色原版大图，方便保存和分享

相关阅读服务

终身学习者必备

- 电子书

  便捷、高效，方便检索，易于携带，随时更新

- 有声书

  保护视力，随时随地，有温度、有情感地听本书

- 精读班

  2~4周，最懂这本书的人带你读完、读懂、读透这本好书

- 课　程

  课程权威专家给你开书单，带你快速浏览一个领域的知识概貌

- 讲　书

  30分钟，大咖给你讲本书，让你挑书不费劲

湛庐编辑为你独家呈现

助你更好获得书里和书外的思想和智慧，请扫码查收！

（阅读资料包的内容因书而异，最终以湛庐阅读App页面为准）

图书在版编目（CIP）数据

人生困惑20讲 / 迟毓凯著 . -- 北京：北京联合出版公司，2022.8
ISBN 978-7-5596-6385-6

Ⅰ. ①人… Ⅱ. ①迟… Ⅲ. ①人生哲学－通俗读物
Ⅳ. ①B821-49

中国版本图书馆CIP数据核字（2022）第124562号

上架指导：心理学 / 大众心理

人生困惑20讲

作　　者：迟毓凯
出 品 人：赵红仕
责任编辑：高霁月
封面设计：ablackcover.com
版式设计：湛庐CHEERS 张永辉

北京联合出版公司出版
（北京市西城区德外大街 83 号楼 9 层　100088）
唐山富达印务有限公司印刷　新华书店经销
字数 172 千字　880 毫米 ×1230 毫米　1/32　9.75 印张　1 插页
2022 年 8 月第 1 版　2022 年 8 月第 1 次印刷
ISBN 978-7-5596-6385-6
定价：72.90 元